トラ学のすすめ

アムールトラが教える地球環境の危機

関啓子

はじめに

トラは「強い」動物か

2018年2月、韓国の平昌《ピョンチャン》で冬季オリンピックが開催されました。このピョンチャン・オリンピックのセレモニーでメダリストに贈られたマスコットがトラであることを知っていましたか。「スホラン」と名づけられたかわいらしい元気いっぱいの白虎です。白虎は東洋ではよく知られる神話上の守護神なのです。

日本で本物のトラを見たければ、動物園ですね。私も動物園はよく訪れますが、まっさきに行くのはトラ舎です。トラを見なければ、動物園見学ははじまりません。これが私の動物園見学の鉄則です。まっさきにトラと会って、ゆっくりその姿をながめ、それからその他の動物を見学した後で、またトラの所にもどってきて、時間の許す限り、トラとのコミュニケーション（？）を楽しみます。

それぞれの動物種には、たとえば犬ならば、柴犬、秋田犬、チワワ、ダックスフント、プードル、コリーなどといった犬種がいますが、トラにも同様にいくつかの種類（亜種）がいて、現在6種類（亜種）が生息しています。私のお気にいりは、そのうちの一亜種アムールトラです。トラの仲間のなかでもっとも大きく、もっとも寒い地域に生きているトラです。

さて、みなさんはトラについてどのようなイメージをもっていますか。まず目に浮かぶのは黄色に黒のしまもようでしょうか。それとも、だれもが抱くイメージといえば、「強い！」でしょうか。ところが、その強いはずのトラが、いま地球上から消えようとしていることを知っていますか。ここ百年で地球上のトラのじつに95パーセント以上がいなくなってしまいました。一見強そうに見えるトラがなぜ激減したのでしょうか。激減の秘密に迫ってみました。

この秘密に迫っていくと、わかってくることがあります。それは、トラは自然環境との強いつながりのなかで生きているという事実です。本書で明らかにされるように、トラの現状は、人間の未来を映しだしているという事実です。どういうことでしょうか。

アムールトラの危機

本書の主人公アムールトラは、毛足が長く、パステルカラーの黄金色と黒のしまもようが優雅さと活力を漂わせる大きなトラです。トラは、餌になる主に中・小の動物、それらの動物たちが食べる木の実やコケ類、それを育む森林などなど、総じて、生息地（ロシア極東）の生態系が一定の条件で維持されていないと生きていくことができません。その意味でアムールトラの生息数は、人間を含む動植物の生きもの世界のバランスがとれているかどうかを教えてくれているのです。

そして、いま、幽玄なタイガ（シベリア・極東の針葉樹林）に悠然と生きる孤高の王者に絶滅の危機が迫っています。このことは、地球上の生きもの世界のバランスが崩れはじめていることを指ししめしているのです。本書では、アムールトラの生息の実態を見ることによって、このバランスの崩れがどのように進行しているか、またそれに人間がどのようにかかわっているかを明らかにしていきます。

アムールトラが地球上から消えようとしているといいましたが、こうした存続の危機に立たされた動物種を、絶滅危惧種といいます。アムールトラは、現在ロシア極東の森林に約500頭生息しているだけで、中国北部などの生息数を加えても、野生のアムールトラの総数は、500頭を少し超える程度に過ぎません。世界中の動物園で飼育されている数を合計すれば、約500頭ですから、アムールトラは地球上でたった1000頭しか生きていないことになります。

アムールトラはかつてシベリアから極東まで広範囲にわたって生息していたのですが、19世紀半ばころから生息地域が狭められ、極東のシホテ・アリニ山脈の周囲に限られるようになりました。19世紀には2000頭生息していたとされますが、同世紀の末には

600〜800頭になり、1930年代にいたっては50頭弱しか残っていなかったといいます。当時のこうした減少は主に人間による毛皮などを求めての狩猟によるものでした。その後、1947年にトラの狩猟禁止が法的に定められ、頭数は復活していきました。このところ生息数は安定しているとはいうものの、種の持続の危機から脱却できていません。トラは繁殖力が弱いわけではないのに、種としての絶滅に向かっているのです。

アムールトラはなぜ種の持続の危機に直面するほどに生きにくくなってしまったのでしょうか。どうすれば生きのびられるのでしょうか。こうした点についても考えてみます。

「環境にやさしい」を疑ってみる

アムールトラは、シベリア・極東の生態系のトップに立つ動物で、その生息数は、極東の生態系、さらにはタイガといわれるシベリアの針葉樹林の状態を示しています。つまり、トラが生きにくいということは、ロシアのタイガに異常が起こっているということを物語っているのです。しかもタイガは二酸化炭素を吸収し、酸素を排出しますが、この作用は地球の大気に影響をもたらすほど大きなもので、タイガが健全であることは、地球全体にとってとても重要なのです。

そう考えると、事は重大です。アムールトラを絶滅の危機から救うことは、地球上のすべての生きものの安定的な存続につながるのですから。つまり、アムールトラの保護は、生物多様性の保全という地球規模の環境問題の解決に直結するわけです。

環境問題を根本的に解決しようとすれば、まず「環境にやさしい」というフレーズを克服する必要がありそうです。なぜなら、「やさしい」の度合いを図る基準はあいまいで、それをいくらでも自分勝手に設定できるからです。この表現は、科学の問題を気持ちの問題にすり替えてしまうもので、人間のご都合主義を端的に表わしています。この言葉がひんぱんに使われるかげで、実際に自然が壊され、野性動物が殺害され、減少しているのです。こうした人間のご都合主義ではなく、自然のなかに生きている動物の立場に立って、環境問題を考えてはどうでしょうか。動物の立場に立つとは、本書では、アムールトラから環境問題を考えるということです。

そのためには人間と動物とのかかわり方を考えなくてはなりません。なぜなら、アムールトラを殺すのも、保護するのも、その両方ができるのは人間だけだからです。これまで、野生動物と人間との関係は、次の三つの観点から研究されてきました。第一に動物の生態の観点から、第二に人間の観点（人間が動物をどのように見ているかの観点）から、第三に保護のための国際条約などの社会の観点からです。本書では、アムールトラを主役に据え、生態学や動物学や地理学などの知見と、人類学や民俗学などの蓄積、さらには教育学と社会学の成果を統合し、野生動物アムールトラと人間とのかかわりの昔と今を描き、いうなれば科学と人間の活動経験を総動員して、トラと人間との共存の明日を模索しようと思います。

このなかなか荷の重い知的冒険に挑むにあたって、勇気を与えてくれる事情がないわけでもありません。それは日本人がトラ好きだということです。トラは日本の自然界に生息していないのにもかかわらず、長い歴史のなかでトラをめぐるイメージが蓄積され、日本人がどのようにトラを見てきたかにまつわる、いわばトラ文化とでもいうべきものが存在しているのです。第Ⅱ章で扱うのですが、この文化は、人間と野生動物との関係を、人間がどのように生きてきたか、さらにはいかに生きるべきかという問いに照らして語りかけています。

もうひとつ。経済と社会のグローバリゼーションは、一方では野生動物を追いつめますが、他方では自然保護と生物多様性の維持という地球環境の問題を私たちに身近に感じさせ、野生動物と人間のあり方を、地球上で生きる一人の人間の生き方として引きよせることを促す働きもしています。この点にも大いに励まされます。

アムールトラから見えてきた人間世界のありよう、その過去と現在とを明らかにし、トラの存続を可能にする方法を考えれば、地球上の多様な動植物が調和して生きる生物多様性保護の可能性も広がるでしょう。トラ存続の問題にかかわることは、地球規模の環境問題解決にとりくむ地球市民になることでもあるのです。

人間を含む自然界の生きものたちが、動物も植物も、たがいに生かし生かされるバランスのとれた地球をとり戻すためには何ができるでしょうか。アムールトラから考えてみましょう。

目次

はじめに　4

第I章　アムールトラとはどんな動物か　15

1　アムールトラのプロフィール　16
2　アムールトラの生息地　極東の自然　49

第II章　トラ文化　68

1　先住民ウデへとアムールトラ　68
2　日本のトラ文化　88

第III章　復活なるかアムールトラ　112

1　ココアとタイガの物語　112
2　ジョーリックを救え　138
3　トラを救う施設、トラを護る人びと、トラを育てる施設　157

第Ⅳ章　アムールトラと人間との共存のために　182

1　環境教育・学校編―ハバロフスク・パリコフ記念第3ギムナジア　183
2　動物への関心を育む：動物園　192
3　モスクワ動物園の環境教育　196
4　アムールトラを題材にした学び　208

第Ⅴ章　トラの明日が示す人間の未来　222

1　トラの生きにくさ　224
2　トラが知らせる人間の未来　228
3　私たちにできること：アムールトラのために、地球環境のために　232
4　動物の権利　242
5　生きものの宿命：生きもの世界に調和を！　246

あとがき　251

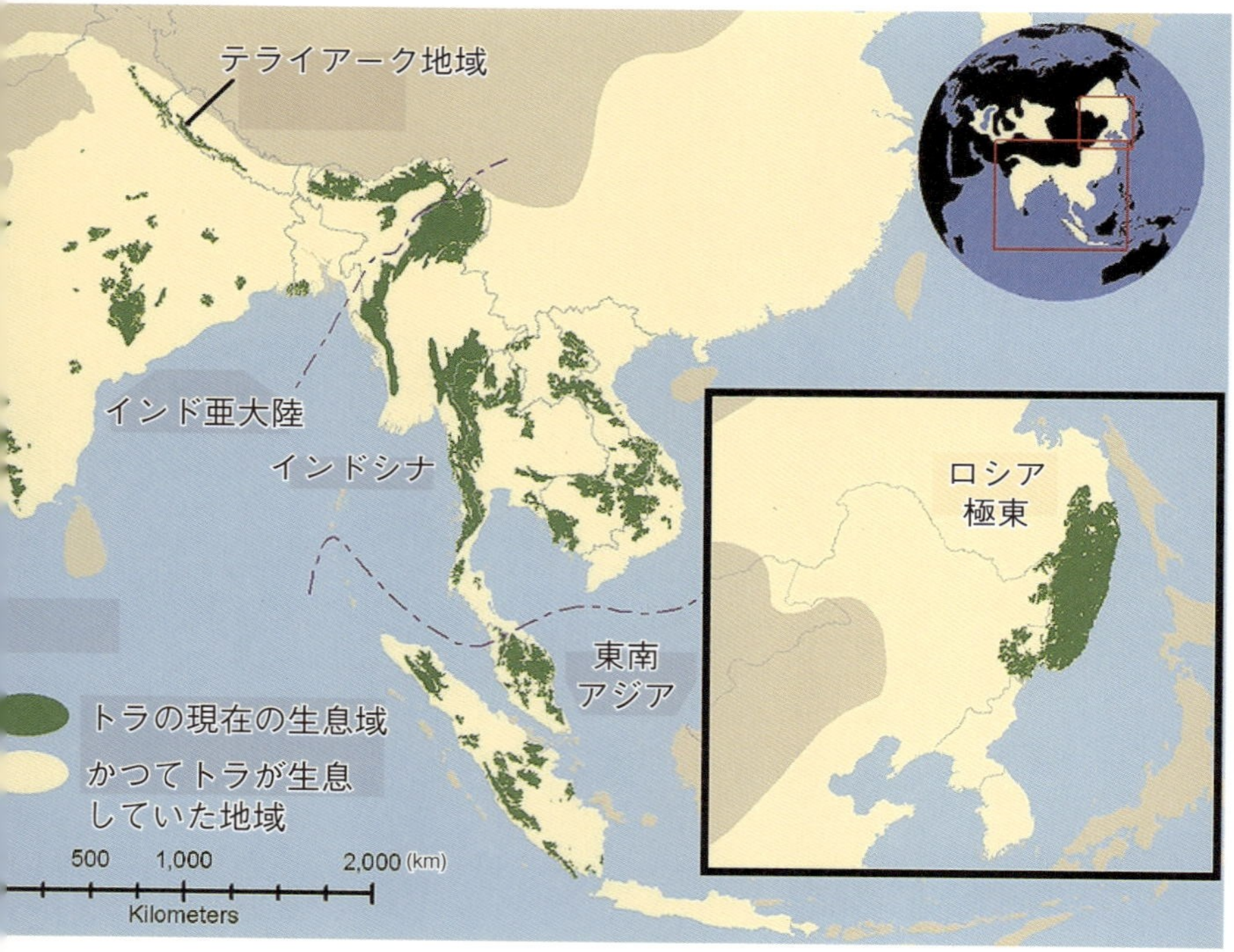

世界のトラ分布図
https://commons.wikimedia.org/wiki/File:Tiger_map.jpg

第Ⅰ章　アムールトラとはどんな動物か

アムールトラって何？　ただのトラじゃないの？　そのとおりです。トラという「種」を特徴によって小さい単位に分類すると、登場するのがロシアにいるアムールトラという亜種（「種」の下位の区分）なのです。

読者のみなさんは、アムールトラに会ったことはありませんか。ロシアにいるトラを見たことなんかない、といわれるかもしれません。でも、動物園のトラを見たことはあるでしょう。

トラは動物園にいる生きものとして珍しくありませんね。上野動物園にもいますが、アムールトラではありません。スマトラトラです。では、多摩動物公園のトラは？　見たことがある読者もたくさんいるでしょう。多摩のトラは、アムールトラなのです。ほかにも……。この本では、後の章で日本の動物園にいるアムールトラも登場します。まずは、アムールトラがどういうトラなのか、説明します。

1　アムールトラのプロフィール

①　ネコ科最大の優雅な動物

アムールトラの特徴は、トラの亜種のなかでもっとも大きいこと、寒い地域に生息していること、です。寒い地域に生きているから毛が密で長く、大きいので動きがゆったり、堂々としています。トラは、シカなどを捕らえて食べる肉食獣です。

一言でいえば、アムールトラはネコ科最大の獰猛《どうもう》で優雅な生きものなのです。ちょっと科学的にいえば、食肉目ネコ科の一種で、学名を、Panthera tigris altaica といいます。トラの仲間でもっとも大きいといいましたが、その大きさは、オスならば、体長（頭プラス胴）は約2メートル、体重は約250キロで、鼻先から尻尾までの全長は約3メートルです。なんとも立派な体格です。メスは小ぶりで、体長が1・6～1・8メートル、全長が2・4～2・75メートル、体重が120～150キロといったところです。

ここでの数字は、主に写真家の福田俊司氏の本『タイガの帝王　アムールトラを追う』（東洋書店、2013年）にあるデータによっています。このデータは、福田氏の長年の友人で、アムールトラの保護と飼育で世界的にも有名な研究者ヴィクトル・ユージン氏によるものです。

ちなみに、ＷＷＦ（World Wide Fund for Nature 世界自然保護基金）ジャパンのサイトには、オスの体重は１８０～３０６キロ、全長は２・７～３・３メートルとあります。ユージン氏によれば、オスの体重が２５０キロ以上になると、うまく狩りができなくなるそうです。

アムールトラは、どこに生息しているのでしょうか。ロシア極東の沿海地方とハバロフスク地方です。主にアムール川流域、おおむねその右岸に生息しています。でも、最近では生息地が少しずつ北上しているかもしれません。

ロシアにはタイガといわれる亜寒帯の針葉樹林が広がっていますが、その東のはずれの南部には広葉樹林も混ざる森があります。ウスリータイガと呼ばれるこの一帯がアムールトラのすみかなのです。新潟から飛行機で飛べば、約１時間半といった、日本にかなり近いところでアムールトラは生息しているわけです。

それではアムールトラの暮らしぶりを見てみましょう。

アムールトラは縄張り（テリトリー）をもち、そこを見回りながら、獲物を狩りし、命をつなぎます。テリトリーには爪あとや尿などによって自分の縄張りであることを示す印をつけます（マーキングをします）。驚かされるのは、その爪あとの位置です。トラはマーキングのために後ろ脚で立って、前脚の爪で樹皮を掻くのですが、爪あとの高さは、なんと2メートル以上。長身の男性が手を伸ばしても届かないはるかその先に爪あとが残されています。いやが上にもトラの大きさを実感する瞬間です。

1頭のテリトリーの広さはどのくらいでしょうか。トラのテリトリーの広さについては諸説がありますが、成獣のオスならば、800～1000平方キロ（兵庫県の10分の1）、メスならば、300～450平方キロ（埼玉県の10分の1）といわれています。この広さは、1頭のトラが生きていくために必要な獲物を確保できる広さです。ですから、実際のテリトリーの広さは、シカやイノシシなどがどのくらい生息しているかによって異なります。餌になる動物たちで森がにぎわっていれば、テリトリーは比較的小さくてもトラは生きていけるのです。

アムールトラは足の裏がやわらかで、音を出さずに歩けるので、獲物になる動物に気づかれずに近づけます。また、川も泳ぎわたります。トラの動きはたいそう堂々としていて、かつ注意深く俊敏です。狩りでは、この敏捷さが遺憾なく発揮されます。

アムールトラは亜寒帯に生息しているのですから、いうまでもなく、寒さに強い動物です。密な冬毛と皮下脂肪が寒さから身を守ってくれるのです。

アムールトラの毛色は淡い黄金色で、そこに黒いしまもようがはいります。胸から腹までの毛色は純白です。この色調はえらく派手で目立ちそうですが、じつは狩りのときには保護色になります。木々のあいだを移動したり、背の高い草むらのなかを動く際にはそのたてじまがトラの身体を周囲に溶けこませてくれるのです。森林の一部をフェンスで囲った広い飼育場でアムールトラを見たことがあります。トラが森の奥のほうに少しでもはいろうものなら、あっというまに見えなくなる。トラの派手なたてじまは、なんとも効果的な保護色なのです。

アムールトラは、冬季の昼間も餌を求めて移動しますが、その際、胸と腹の白い毛が雪原に溶けこみ、目立ちにくくしてくれます。体毛の色目は、アムールトラの狩りを手助けし、まことに理に適っているというわけです。

自然界に生きるトラの個体の識別（1頭1頭を区別するため）に、このトラのしまもようが使われます。人間の指紋のように、トラのしまもようにも同じものがひとつとしてないからです。トラの生息調査では何台もの自動撮影カメラがしかけられ、トラのしまもようが電子データとして記録されます。人間の指紋照合と同じように、新しく撮られた写真のトラのしまもようと一致するものが、収集されたデータのなかにあるかどうかを調べるわけです。まるでテレビドラマの犯人探しみたいですね。照合の結果、一致するものがなければ、写真によって新しいトラの存在が確認されたことになるのです。

しかも、しまもようは左右対称ではありません。何か特徴的なしまもようの箇所を見つければ、個体を区別しやすくなります。

もように加え、個体を識別するのに有効な手立ては、足跡です。足跡から、メスかオスかはもとより、年齢もわかります。そもそもトラが生息しているかどうかは、肉眼でたしかめることがむずかしいので、足跡で確認するのです。

いうまでもなく、顔立ちは一頭ごとに異なります。動物園には獰猛そうなアムールトラもいれば、おっとりしたトラもいますし、愛嬌のある顔立ちのトラもいます。バランスのとれた、うっとりするほどの美形も、凛々《りり》しいハンサムなトラにもお目にかかれます。

② タイガを生きる

極東の最強動物の狩り

アムールトラはどのように狩りをして、獲物を捕らえるのでしょうか。極東で最強の肉食獣アムールトラは、鋭いキバと強力な前脚と爪を武器に、一瞬の勝負をしかけます。嗅覚と聴覚がすぐれ、視力もよく、観察力と記憶力も抜群です。トラは風の方向を感じるこ

タイガの森のなかに生きる有蹄類

とができるので、獲物を見つければ、風下から近づき、まあいを計って、猛烈なダッシュで後ろから飛びつき、喉や首筋といった急所をかみ切ります。獲物が大きいときには後ろから飛びつき脊椎を砕きます。10〜15メートル先の獲物は瞬時に捕らえます。これがアムールトラの狩りです。

強い動物にも弱みはあるもので、俊敏なアムールトラも、心臓の機能は強いとはいえません。早い話、長距離走は苦手なのです。音を立てずに獲物に近づき、瞬時にけりをつける。この豪快な敏捷さがハンターとしてのアムールトラの真骨頂です。

アムールトラの狩りの対象となる動物は、好物のアカシカ、オオシカなどの有蹄類（蹄をもった哺乳類）ですが、イノシシ、アナグマ、クマ、ウサギなども捕らえます。大きい動物の狩りは、4～5日に1回といったところです。狩りの成功率は高いとはいえませんから、強いとはいえ、アムールトラも自然界で生きぬくのは容易ではありません。メストラ一頭ならば、大型動物の狩りは8日に1回でも足りるといわれています。WWFによれば、大きい動物の狩りに成功した場合、トラは近くにとどまり、獲物が骨と皮になるまで食べつくすのだそうです。

縄張りをめぐって、トラどうしで闘うこともあり、テリトリーの主の変更も起こります。弱いトラは、条件の悪い地域に新しい居場所を探すことになるわけです。

タイガの王者も天寿をまっとうするのはやさしいことではありません。幼いときは、病気や飢えで命を落とす危険ととなりあわせですし、獰猛《どうもう》なヒグマに襲われることもあります。高齢になると、狩りの際のケガが致命傷になります。トラは群れをつくらないので、仲間と餌を分けあうことはなく、年齢にかかわらずケガで狩りができなくなれば、その先には死が待ちかまえているだけです。

自然界でのトラの寿命は、諸説があり、15～20歳といわれていますが、10歳以上生きる個体は少ないといいます。動物園などの望ましい条件で手厚く飼育されていれば、30歳まで生きることもあるといわれますが、先のユージン氏も指摘するように20～25歳ころまでは生きられる、と見るほうが現実的な気がします。

トラの子育て

アムールトラは冬から春にかけて繁殖期を迎えます。２月は結婚シーズンのピークで、交尾後95～１０７日でメスは出産します。４月ごろの出産が多いようです。一度の妊娠で生まれる子どもの数は、「ひとりっ子」の場合が38～39パーセント、２頭の場合が54～56パーセント、３頭は５～７パーセントで、それ以上はごくまれです。

子トラの成長過程はどのようでしょうか。子トラの成長は速く、３か月で乳歯が生え、餌の肉を食べはじめます。生まれたころ約１キロであった体重は、３～４か月で10キロ以上になります。動物園で子トラが自分の顔くらい大きい肉の塊を口にくわえ、ぶらぶらさせながら、動いている姿を見かけました。中央アジア、カザフスタンのアルマティ動物園でのことです。肉食獣の王者としてのかわいらしいオーラが漂いはじめていました。

母親は、生後５～６か月まで母乳を与えます。半年で子トラは約30キロになります。15～16か月で、ひとりだちの準備にはいり、18～19か月で母親の保護から自立します。３歳になる頃には、オスならば体重が１５０キロに届きそうなまでに成長し、生後４年目におとなのトラになります。

メスのトラは、女手ひとつで子どもたちを約３歳まで育てます。群れをつくらないトラは、餌となる動物とつねに差しの勝負を挑みます。オスのトラと異なり、やや小さい母親トラにとって狩りは決してやさしいことではありません。巨大ヒグマとの勝負に負け、殺されることもあります。アムールトラとヒグマとの命がけの勝負は、8割はトラが勝つといわれますが、ヒグマはことのほか頑丈な体格で、爪が鋭く、巨大ヒグマともなれば、300キロにもなりますから、メストラの2倍の大きさです。こうなると、俊敏さでは群を抜くトラといえども、厚い毛皮でくるまれたヒグマの急所をかみ切るのは容易ではありません。

母親が悲運の死をとげれば、残された子トラの運命は絶望的です。とはいえ、トラの最大の敵は、ヒグマではありません。それは人間です。母親トラが密猟者に殺され、残される子トラがこの十数年増えています。運よく子トラが野生動物保護センターや動物園に保護されるまれなケースもありますが、たいていは餓死したり、ほかの肉食獣の餌食になります。

パパとママがそろって、子どもたちと一家団欒のひとときは、ふつうトラ親子には滅多におとずれません。むしろ子育て中の母トラは、オスのトラを警戒します。子どもが食い殺されるかもしれないからです。母親トラは、授乳中は発情しませんが、子どもがいなくなると発情します。だから、オスのトラは、子トラを食い殺すかもしれないのです。

でも、最近の研究によれば、アムールトラならば、ベンガルトラなどのトラのほかの亜種とは異なり、オスのトラは、自分の子どもかどうかに関係なく、子トラに寛容だそうです。両親と子どもを交えたアムールトラ家族のほほえましい映像記録もあります。

矛盾した生きもの

アムールトラは、矛盾した動物です。そこが魅力なのかもしれません。獰猛《どうもう》ですが、ゆったりとおちつき優雅です。吠え声は恐ろしく、聞けば、身が縮むといいますが、温厚でおっとりとしていて、うたたねが好きな怠惰とも思える性格は愛嬌《あいきょう》があります。強健な筋肉の塊なのですが、しなやかきわまりなく、頭がはいる隙間があれば、するりと体をいれることができます。狩りの際には強力な武器になる前脚も、大きなぬいぐるみのようでかわいらしくさえあります。

もうひとつ魅力があるようです。トラの保護に尽力している人びとに、もと猟師やトラの生け捕りを生業にしていた人が多く、はじめはこのことが不思議でなりませんでした。有名どころをあげれば、ヴラジーミル・クルグローフ、フセーヴォロト・シソーエフ。クルグローフ氏は、野生動物リハビリセンターを開設し、アムールトラの保護に力をつくしました。氏の息子がその跡を継いでリハビリセンターを運営しています。シソーエフ氏は、その名をハバロフスク動物園の名称に残しているように（ハバロフスク動物園の正式名称はシソーエフ記念プリアムールスキー動物園)、動物研究、野生動物保護活動家、作家としてよく知られています。猟師はトラの生態をよく心得ていますから、保護活動家としてうってつけともいえましょう。

トラ保護への転身は懺悔《ざんげ》の気持ちからかもしれない、と最初は思いました。そういう気持ちもあるかもしれませんが、もっと深い心中のおもいがありそうな気がしてきました。シソーエフ氏の述懐によれば、アムールトラは捕らえられても、おびえや憎しみをあらわにすることがなく、誇りを失うことがない、といいます。誇りと自信を失わないその姿に感動するというのです。

先住民はトラを神聖視していましたから、トラを狩りの対象にしませんでしたが、ロシア人の狩人が入植してから、トラは狩りの最高のターゲットになりました。そのわけは、トラが高く売れるからだけではありません。トラ狩りは、トラと狩人の知恵比べであり、狩猟の技術はもとより勇気が問われる大勝負だからです。狩人は全身全霊でアムールトラと向きあい、命がけの勝負を挑みました。この闘いが、トラへの尊崇、崇敬をもたらし、そのためトラを狩る側に立ったものが、転じて護る側になる。この解釈は、いささか思いいれが過ぎる気がしますが、故シソーエフ氏が残したことばに接すると、あたらずとも遠からずという気持ちになります。

なお、母親トラから子トラを引きはなして捕まえるトラの生け捕りは、子トラが2～3頭生まれ、餌となる草食動物が捕食されすぎるかもしれない場合に行なわれることがありました。

③　モニタリング

ハバロフスク地方のアムールトラの実態

アムールトラのモニタリング（観察・調査）は定期的に行なわれています。ハバロフスク地方のモニタリングを担当している研究者にお会いしました。彼らは、極東での代表的なトラ研究者たちですが、全ロシアでも高く評価されています。その証拠に、お会いしたバタロフ氏とドゥニシェンコ氏とがつくったアムールトラの説明つき写真集が、寅年にプーチン氏（当時は首相）が開催したトラサミット（トラの生息国と動物保護の国際機関の代表者が一堂に会した大々的な国際会議）の参加者に記念品としてプレゼントされています。

ハバロフスク地方のトラの生息エリアは、4万平方キロですから、ハバロフスク地方全体78万7600平方キロのほんの一部にすぎません。全面的なモニタリングは10年に一度ですが、毎年、五つのモデル地域でモニタリングが行なわれています。モデルエリアの合計面積は、生息エリアの３分の１にあたります。

これまでのモニタリングの結果から見ると、ハバロフスク地方のトラ生息数は72〜78頭と、ほぼ安定しています。２０１５年に実施された全生息域のモニタリングによって、80〜95頭のおとなのトラと20〜30頭の子トラが暮らしていることがわかりました。

トラ家族も増え、このところトラの出産率もあがりつつあります。また、トラの生息エリアが手狭になり、北のほうに広がっているとのことでした。トラが冬の凍結したアムール川を渡って、エリアを広げているのです。ユダヤ自治州とアムール州に向かってエリアが拡大しています。

アムール州のヒンガン山地で、２〜４頭のトラが見つかったそうです。子どものトラも目撃されています。70年代には、そこには12頭のトラが生息していましたから、いつのまにかトラが戻ってきたことになります。

モニタリングを担当する研究者たちは口をそろえて指摘します。トラの生息エリアを制限するのは人間の行なう開発だと。開発によって、森林が伐採されると、木の実などが減少し、草食動物が生きられなくなる、つまりアムールトラの餌となる動物たちがいなくなるわけで、とどのつまりトラも生息できなくなるのです。

モニタリングはどのように行なわれるのでしょうか。モニタリングは２段階で実施されます。冬の前半の12月、そして2月。6〜8人のグループをつくり、モニタリングの地域を雪上車で移動します。雪で身動きがとれなくなることもあれば、野生動物に出くわすこともありますから、危険このうえない調査です。5か所のモニタリング現場に計26〜32人が参加します。専門家ばかりでなく地元のボランティアも加わります。

モニタリングの際の重要な手がかりは、足跡とその大きさ、それにかかとの幅です。足跡のサイズを測るばかりでなく、トラの歩く範囲とコースにも注意を払います。トラの餌になる動物も調査対象です。トラの出産率と死亡率も調べ、森林伐採の影響も調査します。また地元民からの情報収集も行ないます。

足跡調査はとりわけ重要です。足跡でトラの年齢やオスメスがわかり、個体が識別され、生息数が割りだされます。足跡は、ちょっと紛らわしいのですが、後ろに前足の跡が残り、前にある足跡が後足のものです。足跡の方向を調べ、かかとの幅を計測し、日づけを記録します。これらのデータでトラの個体を識別するわけです。しかし、メスとオスとの区別は、やさしくはありません。メスは足跡がコンパクトで、オスは指がすこしばかり広がった形になっているようです。

足跡の直径が、16〜18・2センチメートルならば、ふつう大型のオスで、16・14センチメートルが平均的な大きさである。メスならば、15・1〜15・2センチメートルです。

かかとの幅で、年齢と性別がわかります。どういうことでしょうか。数字がいささか細かくなりますが、区別するおおよその基準は次のようになります。かかとの幅が、9か月未満なら、8・5センチメートル以上になることはありません。10・5センチメートル以上ならば、オスのトラで、10センチメートル以下なら、おとなのメスか、あるいは若いオスのトラです。オスの場合、10～12・5、13センチメートルまでで、メスは、8・5～9・5センチメートルといったところです。生後、11～12か月すると、オスの子トラのかかとの跡は、母親と同じ大きさかそれ以上になります。かかとの大きさは、4歳未満まで少しずつ大きくなります。

トラの最新情報

アムールトラの大々的な調査が、2015年2月に実施され、うれしい報告が公表されました。それによれば、アムールトラの生息数は増加しているとのことです。

2000人のスタッフを動員して、日本全土の約39パーセントに当たる15万平方キロを調査した結果、沿海地方には310～330頭のおとなのトラと70～80頭の子トラが、ハバロフスク地方では80～95頭の成獣と20～30頭の子トラが生息していることがわかりました。さらに、ユダヤ自治州に4頭、アムール州に2頭が生息しているとのことです。合計

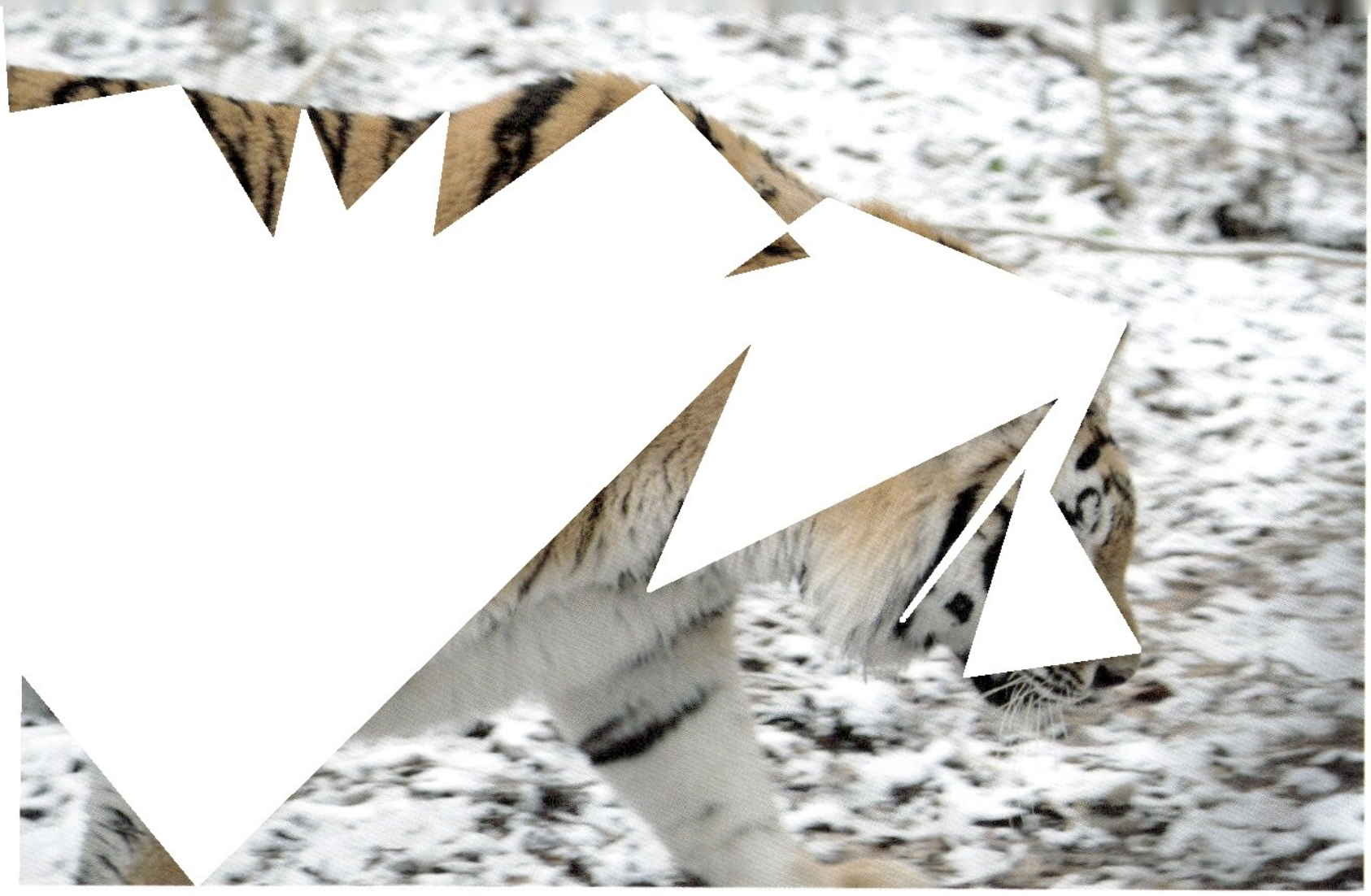

すれば、現在、480〜540頭が生息していることになります。
2005年の（前回の）大々的な調査では423〜502頭が生息していましたから、微増とはいえ、2010年に立てられた500頭超えという目標は、早くもほぼ達成されたことになります。
絶滅が危惧されたアムールヒョウ（極東ヒョウ）も、60〜70頭が生きていることが確認されました。これまた朗報です。
なお、WWFによれば、アムールトラを含む野生のトラの推定個体数は、2016年のデータで3980頭です。2010年には3200頭といわれていたので、減少に歯止めがかかったような気がして、少しばかりほっとしますが、20世紀初頭に10万頭も生息していたことを考えると、依然として保護活動が緊急である事態は変わっていません。

ところで、危険を冒してまでモニタリングを行なうなど、どうしてそこまでトラに肩いれするのでしょうか。それには、アムールトラへの尊崇と畏敬もかかわっているようです。自然界でアムールトラに会うことは、ベテランの監視員といえども滅多にありません。研究者も同様です。人間がトラに気づくより先に、トラは優秀な感覚能力で人間の存在に気づき、逃げてしまう。トラのほうが先に人間を見ているわけです。

アムールトラの写真で有名な動物写真家福田俊司氏は、ロシアの専門家から次のようにいわれたそうです。

「アムールトラを1回見たってことは、向こうはお前のことを1000回見ているぞ」。

幸運にもトラに会えば……。トラを研究して30年のつわものはいいます。

「眼と眼が合えば、理解しあう。その瞬間が素晴らしい!」。

モニタリングに参加する一人の研究者は、アムールトラの魅力を次のように語りました。

「ハバロフスクに住んで、30年間ずっとトラとかかわりあってきました。トラの生息領域に行き、トラの環境を研究してきました。トラの餌は何か。1頭のトラはどのくらい食べるのか。トラと人間との関係、トラと他の動物との関係などを研究してきたのです。30年研究しても興味はつきません」。

④　アムールトラとつきあう心得

危機回避のために

アムールトラはことのほか用心深く、人間の存在を感知すれば、自分から避けてしまう。つまり、トラが生存しているかどうかを、肉眼で確認することはほとんどない。トラの存在を教えてくれるのは、足跡です。もし、極東の森林、タイガでトラを見ることができたら、それは奇跡です。

アムールトラは人間を襲うことはありません。とはいえ、猛獣にはちがいないので、人とトラとの不幸な衝突は避けたいところです。そこで、そうした衝突が起きないように、ハバロフスク野生動物基金は、世界銀行を通じて世界環境基金の資金援助のもと、パンフレット「人とトラ：トラ生息地での危険回避策」を作成しました。主にこのパンフレットから危険回避の知恵を紹介しましょう。

子どもを連れたメスのトラと遭遇してもそれほど危険ではありませんが、偶然にも生まれたばかりの子どもがいるねぐらに近づけば、母親トラは警戒と威嚇《いかく》の唸り声をあげ、飛びかかるしぐさをします。これは、デモンストレーションですが、トラのねぐら近くにはトラの足跡が多数ついていますので、こうした場所には近づかないようにしましょう。

トラが獲物を食べているとき、人間が不用意に近づくのは危険です。この場合、トラが人間に気づくのが遅れますし、トラには人間が獲物に興味のないことがわかりませんから、攻撃してくる可能性があります。

また、子どものトラを捕まえようとするのも危険です。これは犯罪であるうえに、子トラのキバによってひどくケガをすることにもなりかねません。ケガが重篤ならば、死亡するかもしれないのです。

トラは、犬が大好きですから、人の連れている犬を襲うことがあります。ふつうトラのほうから人間に危害を加えることはありません。でも、人のほうが恐怖のあまり、トラを攻撃して手負いにすると、これは危険きわまりない。トラと遭遇したら、信号用花火や照明弾などをトラのいる方向に放つのが効果的です。

血のついた足跡やふつうよりも小さな歩幅の足跡が見つかったり、ごみ捨て場があらされたり、犬が襲われたりしたら、負傷したトラが付近にいる可能性があります。手負いのトラが捕まえやすい餌で食いつないでいるにちがいありません。こうした負傷したトラは危険なので、地区の特別環境委員会などに通報しましょう。

また、予想外のところでトラの足跡を見つけた場合も、テリトリーから離れたところにいるトラは空腹だったり、病気であったりするかもしれませんから、専門機関に連絡しましょう。

本当に怖いのは人間

アムールトラは一般的には安全ですが、予想外の攻撃を絶対にしないとはいいきれません。目の前にトラが姿を現したら、それはなにか不快感を表しているのです。耳がしっかり閉じられ、頭と首の毛が立ち、尾が神経質そうにうねっていれば、それはトラが興奮状態にあることの証です。この場合は、危険ですから、銃や照明弾や信号用花火をトラの頭上に打ちあげましょう。トラに背中を向け走って逃げるのは一番危険です。トラは獲物を後ろから襲う習性がありますから、自ら餌になるのは止めましょう。自衛手段がなければ、ヒステリックに叫ばず、静かに離れるのがいいでしょう。

キノコ狩りのために森にはいるときは、いうまでもなく夜間を避け、グループでにぎやかにふるまい、トラや、よりいっそう危険な子連れのメスグマに、自分たちの存在を知らせましょう。

トラが人間を襲うことは滅多にありません。でも、人間はトラを密猟し、しかも残虐な方法でむやみに殺します。直接トラの命を絶たなくても、森林の乱伐などでトラの生息空間を痩せさせ、トラを生きにくくしています。動物園の飼育責任者は次のようにきっぱりといいきりました。

「トラは人間と共存できます。共存のためにリハビリが必要なのは、人間のほうです」。

⑤ 生かすも殺すも人間しだい

密猟にさらされ、居場所を奪われ

ソ連邦解体（1991年）後、トラの殺戮《さつりく》は盛んになりました。この仕組みを簡単に説明します。

ロシアは1991年まで社会主義を建て前とする国家でした。ここでは、資本主義とは異なり、私的な営利活動は認められず、生産は、国家による計画にもとづいて、国有企業や集団農場で行なわれ、生産物の価格は国家によって定められていました。賃金も国家によって決められましたが、平等が重視され、国民の収入の格差は小さいものでした。この社会にはよいこともありましたが、働いても働かなくても賃金にあまり差がなかったことや計画が変わらなければ欲しいものも手にはいらないことなどへの不満が生まれて、1991年に体制が変わることになりました。日本と同様な資本主義市場経済の国になったのです。そうなると、金儲けのためには何でもできるようになりました。才覚をもった人はどんどん豊かになり、そうではない人との収入の格差が広がるようになったのです。価格は需要と供給とのバランスで決まりますから、多くの人が欲しがっているものは値段が上がり、それを提供できる人はそれだけ儲けることができます。もちろん、通常の市場経済でも、不公正な方法で金儲けをすることは禁じられているし、格差があまり広がりすぎることにも歯止めがあります。しかし市場経済に移行したばかりのロシアではこうした規制が緩く、いわば野放し状態でした。

こうしたなか、一方では、一夜にして巨万の富を築いた富裕層を中心に、豪華で優雅なアムールトラの毛皮への購買意欲が大いにもり上がりました。漢方薬として貴重なトラの骨も、アムールトラへの需要を高め、その値段をつり上げたのです。WWFの情報によれば、骨は体力回復のために、オスの生殖器は強壮剤に、尾は皮膚病の薬に使われるといいます。脳も眼球も利用されるそうですから、トラのほぼ全身が漢方薬の原料となるわけです。

他方では、密猟者が増えました。体制転換後、多くの人びとの暮らしは悪化しました。そのため大きな現金収入をもたらすトラの密猟が横行するようになったのです。もちろん、現地で暮らしている少数民族は、トラを神のように敬っていますから、トラを狩猟することはありません。

こうしてブラックマーケットでは、1頭のトラに3万ドルもの高値がついたともいわれています。その結果、トラの生息数は激減してしまいました。

トラの密猟は銃によるばかりではありません。罠などによるひどく残酷な方法もとられました。トラは車にはねられもしたのです。また、密猟は母親トラを亡くした子トラをたくさん作りだしてしまいました。餌をとる方法を学んでいない子トラは、当然、飢え死にするか、ほかの肉食獣の餌食になるなど、不幸な末路をたどることになるのです。富裕層が応接間にトラの毛皮を敷いて、豊かさを誇示し、トラの骨からつくられた漢方薬を楽しんでいるかげでくり広げられた生きものたちの悲劇でした。

他方、森林の破壊によって、トラは居場所を奪われていきました。トラが生息する森林地帯が、乱伐や森林火災さらには天然資源の輸送用パイプライン建設で壊され、生態系が分断されてアムールトラが生きにくい環境がつくりだされてしまったのです。

トラを護る人びと：監視員と住民参加

トラを殺す人もいれば、護る人もいる。監視員が自然保護区を見まわっています。かつて社会主義のソ連時代には一定数の自然監視員が活躍していました。しかし、ソ連邦解体後はその数が減少したので、密猟などのとり締まりが手薄になってしまったのです。そこで、沿海地方ではトラ保護のための特別調査隊「タイガー」が新たに組織されました。

監視員は、自然保護区を見まわるだけでなく、人里に出没するようになったトラを森に戻しもします。麻酔銃でトラを眠らせ、保護区に運び、森にかえすのです。また、トラが殺害された場合には、それがやむをえない事態であったかどうかを調査します。

新しい試みもはじまりました。監視員と住民とのタイアップで、森の安全を確保しようというのです。発案者は、ウデヘ族のグヴァシュギ村村長でした。ウデヘ族とグヴァシュギ村については、後の章で詳しく説明します。

ウデヘは狩猟民族で、狩猟のライセンスをもっています。密猟者はトラばかりでなく、ウデヘの猟の対象になるシカなども密猟しますから、狩猟民の生活を脅かす存在なのです。とはいえ、村人が密猟者を直接的にとり締まることはできない。そこで、ウデヘの村人が怪しい存在を見つけたら、村長が監視員に連絡し、監視員が駆けつけ、密猟者を捕まえる。こうした連携システムがつくられました。

さて、監視員なら、トラを肉眼で見るチャンスに恵まれているのではないかと思ったのですが、あに図らんや、そうでもないようです。彼らでもトラを見る回数は驚くほど少ない。ある人は、12年間働いてトラの目撃回数はたったの2回、また、ある人は、20年間で7回に過ぎませんでした。

⑥　そもそも絶滅危惧種とは？

極東で最強とはいえアムールトラは、残念ながら、地球上から姿を消す可能性の高い絶滅危惧種です。つまり、トラの雄姿もいずれは見られなくなる。自然界に約５００頭、世界中の動物園に約５００頭、合計して地球上に１０００頭しか生きていないのですから。

野生のジャイアントパンダの推定生息数は、２０１５年のデータによれば１８６４頭ですから、アムールトラの絶滅危機の深刻さがわかります。

ここで、ときどき耳にする「絶滅危惧種」について少し説明しましょう。

日本に例をとれば、ツシマヤマネコ、イリオモテヤマネコ、シマフクロウ、ツキノワグマ、アホウドリ、タンチョウなどが絶滅危惧種です。身近なニホンウナギ、クロマグロも絶滅が危惧されています。世界中では哺乳類５５３６種のうち１２０８種が絶滅危惧種です。水族館の人気者ラッコもかつては30万頭もいたのですが、毛皮のために乱獲され、20世紀はじめに２０００頭になり、絶滅危惧種になってしまいました。

「絶滅危惧種」とは、生息数（個体数）が少ないというだけでなく、動物の生息環境が現在のままならば、あまりに圧迫要因が強すぎて、生きにくく、絶滅のおそれがある、ということです。

誰が絶滅危惧種であると決めるのでしょうか。動物の保全状態を調査する国際機関です。それが、ＩＵＣＮ（International Union for Conservation of Nature　国際自然保護連合）です。ＩＵＣＮは調査結果から絶滅の危機にある世界中の野生生物のリスト「レッドリスト」を作成しています。そのリストのカテゴリーのひとつが、「絶滅危惧」です。

アムールトラをはじめ、トラの仲間たち（亜種）は、「絶滅危惧種」あるいは「近絶滅種」です。スマトラトラが近絶滅亜種ですが、「近絶滅」とは、個体数が恐ろしく減少し、これからも激減しそう、つまり絶滅寸前を意味しています。

動物にとって生きにくい生息条件を作りだすのも、生息環境を改善するのも、主に人間です。「近絶滅」を導く環境をそのままにしていると、野生生物の保全状況は「絶滅」というカテゴリーになってしまいます。たとえば、ニホンオオカミは絶滅した野生生物の一つです。トキも２００３年に野生絶滅してしまいました。トキは美しい羽の色のために狩猟され、そのうえ、農薬で汚染された水田で餌をとり、死に絶えたのです。

一度自然界で絶滅した動物種を、動物園で繁殖させ、もとの自然に戻すこともありますが、とてもとてもむずかしい課題です。モウコノウマは稀有な成功事例でしょう。モウコノウマは、モンゴルに生息した野生の馬で、そこではタヒと呼ばれていました。狩猟などによってこのタヒの数は減少し、１９６０年代に絶滅したとされています。そこで、ヨーロッパの動物園に飼育されていたタヒをモンゴルにもどす運動が始まりました。タヒを野生に戻すために世界中の動物園が協力し、園内の繁殖環境を整え、頭数を増やしたのです。こうしてタヒは、モンゴルの国立公園に放され、その後頭数も増加したようです。

⑦ アムールトラの仲間たち

アムールトラの親戚（トラの亜種）を紹介しましょう。すでに地球上に子孫のいない亜種たちの歴史は、早い話、人間がトラたちをどのように扱ったかを示しています。

かつては8亜種が識別され、5亜種が生息しているとされましたが、2004年のDNA鑑定により、インドシナトラとマレートラが区別されたために、現在は6亜種が生息していることになりました。すでに3亜種は、森林の減少、さらには毛皮や骨を得るための乱獲によって地球上から姿を消しました。6亜種中、アムールトラ、ベンガルトラ、インドシナトラ、それにマレートラの4亜種が、レッドリストの評価でEN（絶滅危惧亜種）であり、アモイトラとスマトラトラは、CR（近絶滅亜種）です。

トラの亜種を見た目で区別するなら、体の大きさと毛の色および長さが目安になります。これらの目安にこだわって、トラの亜種を紹介します。なお、ここでの体重と推定個体数（野生の生息数）および特徴などは、ほぼＷＷＦ（世界自然保護基金、パンダのロゴマークで有名な基金）のデータによっています。

本書の主人公アムールトラ（Panthera tigris altaica）は、トラ亜種のなかで一番大きいわけですが、亜種間の大きさのちがいは、生息する地域の自然条件にかかわっています。

同じ種でも亜種の大きさが異なる例としてわかりやすいのがクマです。北極海に生息するシロクマ（ホッキョクグマ）は大きいですね。亜寒帯地域に生息するヒグマは、大きいけれど、シロクマほどではない。温帯地域で生息するツキノワグマはさらに小さく、よりいっそう暖かな地域で生きるマレーグマはもっと小さいですね。つまり、どんな種でも、気温が温暖なところで生きる亜種の平均的な大きさは、寒冷な気候で暮らす亜種よりも小さいのです。これがベルグマンの規則です。

この規則は生息する自然環境への適応原則のひとつで、体温の維持とかかわっています。体内の熱生産量はほぼ体重に比例し、放熱量はだいたい体表面積に比例します。体が大きくなると、体重あたりの体表面積は小さくなります。つまり、寒冷地の動物は、大きいほうが体温を維持しやすく、暑い地域では小さいほうが放熱しやすい。というわけです。これを知っていると動物園見学がいっそう楽しくなるちょっと「ハナタカ」的な知識でしょうか。

アムールトラの説明に戻り、動物の体毛の色にかかわる規則を紹介します。

アムールトラの毛の色はパステルカラーで、他のトラ亜種と比べ、淡いですね。これも動物をめぐるある規則を証明しているのです。グロージャーの規則によれば、温暖で、湿潤な気候のところにいる動物の体色は濃く、暗くなる。反対に寒冷で、乾燥した気候のところのものは明るいが、薄い色彩になる、といわれます。アムールトラに比べ、南方のトラは、毛の色が黄色よりもややオレンジがかり、濃いですね。規則どおりです。

ベンガルトラ（Panthera tigris tigris）

大きさは、アムールトラについで大きく、オスならば、体重は１８０～２５８キロ、メスなら１１０～１６０キロです。インドを中心にネパールなどの森林地帯に生息しています。背の毛色は、赤黄あるいは褐色。ほかの亜種に比べ、しまが少なく、夏毛も冬毛も短い。頬から首の毛が長いものが多いようです。シカやイノシシなどを捕食し、泳ぎが上手です。世界に生息しているトラの約半分がベンガルトラで、推定個体数は、約２５００頭です。レッドリスト評価は、ＥＮ（絶滅危惧亜種）。

ベンガルトラの白色変種が、ホワイトタイガーです。トラの毛の黄色い部分が白色あるいはオフホワイトになっています。白いトラは珍しく、また神々しくも感じられるので、日本の動物園でも人気を集めています。

インドシナトラ（Panthera tigris corbetti）

インドシナトラは、ベンガルトラよりも小さく、オスの体重は１５０〜１９５キロ、メスは１００〜１３０ロです。背の毛色は赤褐色で、あとで触れるアモイトラよりも明るく、ベンガルトラよりも暗い。しまは太く、少ない。インドシナ半島に生息しています。推定個体数は、約６３０頭でＴＲＡＦＦＩＣのデータでは、ＥＮ（絶滅危惧亜種）です。なお、ＴＲＡＦＦＩＣは、野生動物の取引を監視し調査するＮＧＯで、ＷＷＦとＩＵＣＮ（国際自然保護連合）による自然保護事業として活動を展開しています。

マレートラ（Panthera tigris jacksoni）

遺伝子調査の結果、２００４年にインドシナトラとは別亜種と認定されました。体重も、全長も、インドシナトラと類似しています。推定個体数は、４９３〜１４８０頭。レッドリスト評価は、ＥＮ（絶滅危惧亜種）です。

アモイトラ（華南トラ、Panthera tigris amoyensis）

中国には2亜種のトラが生息していました。アムールトラとアモイトラです。アモイトラは華南トラともいわれ、かつては中国南部に広く生息していました。この2亜種の運命は、人間の対応のちがいによって大きく異なることになります。一方は保護され、他方は殺害されてきたのです。

アモイトラは、長らくオオカミとともに害獣とされ、捕殺されてきました。１９５９年には害獣ブラックリストに加えられ、そこからはずされたのが１９７７年です。１９７９年には第一級の野生動物保護リストにいれられましたが、ときすでに遅く、４０００頭いたとされるアモイトラは、１９８０年代には１５０～２００頭に減っていました。

現在、動物園では飼育されていますが、野生のアモイトラは絶滅が危惧されています。レッドリストの評価は、ＣＲ（近絶滅亜種）です。

オスの体重は１３０～１７５キロ、メスは１００～１１５キロ。中型のトラです。毛色は赤みかかった黄色で、腹部の色目は明るく、しまは広く、短い。

ユニークな保護活動が話題を呼びました。アモイトラのアフリカ留学です。それは、アモイトラの野生化トレーニングのプロジェクトでした。２０００年にアメリカと英国で「中国トラを救う国際基金会」を立ち上げた全莉氏が発案したもので、２００３年、アモイトラの「国泰」と「希望」が、南アフリカのヨハネスブルグから600キロの「トラの谷」という繁殖基地に留学しました。その後も、「タイガー・ウッズ」「マドンナ」などの留学が続き、留学先でトラたちは、動物園で萎えた野生動物としての捕獲能力を蘇生することに成功したと伝えられました。繁殖にも成功したそうです。

スマトラトラ（Panthera tigris sumatrae）

インドネシアのスマトラ島の熱帯雨林に生息しています。ベンガルトラよりも小さく、体重は、オスが100～140キロ、メスが75～110キロ。しまもようの間隔が狭く、頬の毛は長いのですが、首のたてがみは短い。推定個体数は441～679頭で、レッドリストの評価はCR（近絶滅亜種）です。

英科学誌ネイチャー・コミュニケーションズに掲載された論文によれば、保護区が縮小し、生息数も618頭に減少したといいます。スマトラトラは開発（ヤシ油農園）のための森林伐採によってますます絶滅の危機に立たされてしまいました。原生林の伐採で生息地域が減少するばかりでなく、生息可能な森が細分化され、小さい森林が孤立化するために、オスとメスが会うチャンスが少なくなり、繁殖の可能性も狭まっています。

バリトラ（Panthera tigris balica）

バリ島に生息していました。オスの体重は90～100キロ、メスは65～80キロと、トラの亜種中でもっとも小さかったようです。毛皮のため、あるいは娯楽のハンティングの対象になり、殺害され、最後の一頭が姿を消したのは、1940年代でした。レッドリストの評価は、ＥＸ（絶滅亜種）です。

ジャワトラ（Panthera tigris sondaica）

ジャワ島に生息していました。オスの体重は、100～141キロ、メスは75～115キロ。小型で、しまが細いのが特徴です。1980年代に、生息地域の熱帯林の減少によって絶滅しました。レッドリストの評価は、ＥＸ（絶滅亜種）です。

カスピトラ（Panthera tigris virgata）

カスピ海沿岸のコーカサスからアラル海周辺、イラン、アフガニスタン、パキスタン北部の山岳地帯に生息していました。オスの体重は170～240キロ、メスは85～135キロでした。頬の毛は長く、首のたてがみは短かった。毛皮や骨をとるために乱獲され、1970年代に絶滅しました。

トラのなかで、唯一ヨーロッパに近い地域に生息していました。レッドリストの評価は、EX（絶滅亜種）です。

こうして、強さの象徴とされたトラも、三亜種は富と権力の証への人間のあくなき欲求の前では「牙」が立たず、あえなく消えさっていきました。

2　アムールトラの生息地　極東の自然

①　ロシアのタイガとはどんなところか

タイガに踏みいる

アムールトラの棲むロシア極東は、どのようなところでしょうか。ロシアのシベリアと極東に広がる針葉樹林、通称タイガは、飛行機の窓からはエンドレスに見え、その広大さに息をのみます。トラの生息する極東の森林地帯ウスリータイガは、はてしなく広がるタイガの東の端の南部に位置していますから、日本からそんなに遠いところではありません。

シベリア鉄道に乗って、ウスリータイガの一部を走りぬけたことや、車で少しはいりこんだことはありますが、トラと共存してきた人びととふれあったことはありませんでした。願えばかなうものですね。タイガに暮らしトラを敬う民族ウデヘ族の村を訪れることになったのです。アムールトラのすみかを肌で感じられる。なんという幸運でしょうか。

まず、極東の中心都市ハバロフスクに宿泊し、翌日の早朝、ウスリータイガに向けて出発です。

ハバロフスクから車を走らせると、ほどなくしてウスリータイガにはいります。舗装された道路の両側には広葉樹が中心で、そこに針葉樹が混ざった混合樹林が広がっています。森林はどこまでも続き、その先はまっ暗で、森の深さに圧倒され、いささか怖いくらいです。白樺が葉を落としたシーズンにタイガに足を踏みいれたことがありますが、そのときは、白い幹が日射しを受け、周囲が明るく白んでいました。広葉樹が葉を茂らせている季節は、さらさらと葉が風にそよぎ、陽を受けきらきらと輝きます。初夏には下草も萌え、森中が生命の讃歌で満たされるのです。

舗装道路が終わると、砂利道になり、さらに奥に分けいると、悪路になります。つまり、道なき道を四輪駆動車で進むしかありません。悪路はたびたび倒木の枝でさえぎられ、車は大きな水たまりにつっこみました。周囲の緑をのんびりとながめ感動する余裕などもはやありません。こうしてようやく、トラと共存してきた少数民族ウデヘの村に到着します。

ウデへの暮らしぶりと、トラと共存する生活文化については、別の章で紹介します。

念願かなって、タイガの奥でトラと共存する村を訪れたとはいえ、村からの帰り道、悪路を終えて、砂利道に戻ると、これで無事に帰れると、ほっとします。もちろん、事前に道路事情の情報を入念に収集し、安全を期してはいます。携帯電話が通じないので、立ち往生した場合の安全策もしっかり立ててあります。それでも、道らしい道に出ると安堵するものです。

タイガに分けいり、アムールトラと同じ空気を吸えれば、それは至福のとき。かけがえのない体験に満足します。もともと自然界で生きたトラに会うという期待はもっていません。それくらいはわきまえています。トラと共存してきた少数民族の人びとと語らい、食事をともにすると、トラと人間との共存のありようを肌で少しずつ感じはじめます。トラと生きるとはこういうことかと、すがすがしい共存の文化を胸いっぱいに吸いこみました。

ウスリータイガの魅力

アムールトラが生息するウスリータイガは、亜寒帯（冷帯）に属しています。最寒月の平均気温がマイナス3度未満で、最暖月の平均気温が10度以上の亜寒帯のうち、雨の少ない冷帯冬季少雨気候区内にあります。少ない雨量にもかかわらず、ゆたかな森林が存在するのは、なぜでしょうか。それは、地下の永久凍土が防水層となって降水を貯め、また、凍土層の上部が溶け水分を補給するためだからです。永久凍土とは、何年にもわたり夏季も零度以下のため凍結している土や岩のことをいいます。

極東には、ほぼ南北にシホテ・アリニ山脈が走り、この一帯をウスリータイガといいますが、ここでは、海から吹きこむ湿気のある風が山脈に当たり、雨を降らせます。そのため、多様な樹木が生えています。この生物多様性が、ウスリータイガの特徴です。ロシアのタイガを構成するのはほぼ100種の樹木ですが、ウスリータイガには250種の樹木が育っているのです。シホテ・アリニ山脈一帯は、2001年に世界自然遺産に登録されました。

マツ、トウヒ、モミなどの針葉樹からなるタイガは、常緑樹のため一年中日がさしにくく、暗いタイガともいわれます。針葉樹林帯を南下するに従い、ナラ、カバノキ、ニレなどの広葉樹が増え、針葉・広葉混合林となっていきます。シラカバなどの落葉広葉樹が多くなると、明るいタイガになります。

ウスリータイガは、チョウセンゴヨウなどの常緑針葉樹と落葉広葉樹類（モンゴリナラ、アムールシナノキ、イタヤカエデなど）との混合林です。氷河期がはじまるまで、この一帯には広葉樹が育っていました。氷河期には北方とシベリアからエゾマツなどの針葉樹がはいってきましたが、氷河は山の上をおおうにとどまり、広葉樹は生き残りました。そのためウスリータイガは混合林で、まれに見る豊かな動植物相に恵まれているのです。

南方系のツキノワグマと北方系のヒグマの両方が生息し、ユーラシアオオヤマネコのような北方系と、タヌキのような南方系の動物が一緒に生きている。（参照：NHK BSプレミアム「ワイルドライフ　ロシア沿海州ウスリータイガ　原生林に幻のトラを追う」）。総じて、アムールトラの餌になる動物がたくさん生息しているということです。

チョウセンゴヨウの栄養ゆたかな種子は動物たちの大好物です。森は木の実が豊富で、草食動物が餌に困ることがない。アカシカやノロジカ、イノシシ、ウサギなどが生息し、キツネやオオカミも棲んでいます。

春には若葉が萌え、むせかえるような新緑でおおわれます。初夏、待ちわびたようにいっせいに花ばなが咲ききそい、短い夏には蚊《か》やブユが大発生します。ミヤマカラスアゲハなどが水たまりで群れをつくって吸水し、タイリクコムラサキなどのチョウがふあふあと乱舞します。チョウマニアにはこたえられない光景がくり広げられるのです。秋にはカエデが紅葉し、銀世界になる前の華やかな宴を演出します。澄んだ、狂おしいほどあでやかな自然。宴が終われば、極寒のどこまでも白銀の世界が広がります。

このように四季の変化に富み、ウスバシロチョウよりも大きく、赤い斑点が特徴のオオアカボシウスバシロチョウや、約10センチにもなるウスリーオオカミキリなどの美しくも珍しい昆虫もにぎわう、世界に類を見ない豊かな森、それがウスリータイガです。

② タイガの危機

乱伐

豊かな生態系を誇るタイガが、いま病んでいます。世界の森林面積の22パーセントを占めていた巨大な森が、疲弊しはじめているのです。

ソ連邦解体後、タイガのなかを走る道路で行きかう車といえば、丸太を満載したトラックだけでした。それも立派な丸太ばかりだった。ところが、最近は運ばれる丸太が少し細くなったような気がします。気のせいかもしれませんが。

しかし、気のせいとばかりいえないのは、タイガの40パーセント以上に開発の影響が見られるという指摘があるからです。たしかに、ソ連邦解体後の市場経済への移行期に、極東の経済を支えたのは木材の輸出でしたから、乱伐も行なわれました。

社会主義時代には計画的な開発により保たれてきた生物多様性の宝庫タイガも、体制転換後の無秩序な開発により破壊されはじめたのです。沿海地方森林局の資料によれば、

1988年に約90万ヘクタール、約2億立方メートルあった沿海地方のチュウセンゴヨウの林は、1993年には12万ヘクタール、約3000万立方メートルに減少してしまいました（菊間満・林田光祐〔2004〕『ロシア極東の森林と日本』、19ページ）。

ロシアからの木材の主な輸出先は、中国、日本、そして韓国です。日本が合板原木を南洋材から北洋材にきりかえ、針葉樹合板を多くしたために、ロシアからのカラマツ輸出が増加した、と指摘されています。WWFの調査によれば、極東から日本に輸入される木材のうち、約4割が違法に伐採されたものだそうです。

チョウセンゴヨウは禁伐になったのですが、森林の消失はすでに森の野生動物に深刻な影響をおよぼしていました。栄養価の高い種子が減り、それを食べていた動物が減少すると、その動物を餌としていた大型の肉食動物にも影響があらわれる。住民の生活を脅かすことのなかった野生動物が人里近くにあらわれるようになったのは、人間による自然破壊のためでもあります。森林の疲弊は、ドミノ倒しのように、生きもの世界全体の命の連関に悪影響をおよぼしています。

森が豊かさを失ったことのもっとも大きなしわ寄せを受けたのが、アムールヒョウでしょう。一時は生息数を30～50頭まで落とし、絶滅寸前といわれました。でも、最新の調査によれば、60～70頭までもちなおしたそうです。WWFなどの保護活動の成果でもありますが、その生息数は種の絶滅を免れたと安心できる数字ではありません。

森林火災

森を壊すもうひとつの原因は、山火事です。異常乾燥や落雷などによる自然火災もありますが、圧倒的に多いのが人為的な原因によるものです。ほぼ7割から8割の山火事は人災です。伐採などのために森にはいった人たちの、たき火のずさんなあとしまつなどが火災につながります。違法な伐採を行なう業者の粗い作業も火事の原因として指摘されています。一説によれば、生きた樹木の葉に火を放ち、葉や枝おろしの手間を省くといいます。山火事に対処する特別の消防隊が勇敢に消火活動に当たるのですが、なにせ広いエリアに広がった火災の鎮火は途方もなく困難です。

山火事がひどいときには、街のなかにいてもくすぶるようなにおいがします。火災や乱伐などによって森林が失われるだけでも大問題なのですが、被害はそこで終わりません。伐採や山火事の跡地は、直射日光にさらされるようになりますので、地表の温度が上昇します。すると、地下の永久凍土が溶解しはじめる。凍土が溶けはじめると、アラース（草原と湖）ができます。湖と草の生えた湿地からなるアラースは成長していきます。なぜなら、融けた凍土に雪解け水も加わり、湖は拡大しやすいのです。こうしてできた湿原に再び樹木が生えることはまずありません。森の再生は絶望的です。となると、地球上の森林面積がますます減少していく。

　地球温暖化もあいまって永久凍土が溶解しつづけると、凍土に閉じ込められているメタンガスが放出されます。メタンガスは、炭化水素の仲間で温室効果をもつ物質なので、地球温暖化をいっそう加速させることになります。

　２０１５年7月19日、朝日新聞の一面に「極北　大地に謎の穴」という不思議な表現がおどりました。真冬はマイナス40度にもなるロシア・ヤマル半島にクレーターのような大きな穴が4つ見つかったというのです。穴は直径が約37メートル、深さが約75メートルと巨大でした。

　どうやら、「永久凍土が溶け、メタンガスの圧力が地中で高まって爆発した」らしいのです。これが研究者の見立て。メタンガスの温室効果は二酸化炭素よりも大きいといわれますから、永久凍土が溶解していけば、温暖化はまちがいなく加速されます。

ただちに影響を受ける人びともいます。こうした穴がこれからもできれば、極寒の地でトナカイの遊牧を行うネネツ人にとっては、大事な牧草地を失うことになり、まさしく死活問題なのです。

　森林破壊の抑止とタイガの保護は、とりもなおさず地球規模の課題です。

森を切りさくパイプライン

ウスリータイガに棲むアムールトラとアムールヒョウにとって恐ろしいのは、石油・天然ガスの輸送用パイプラインの建設です。パイプラインの建設工事は、開発する側からすれば、石油や天然ガスの輸出拡大、さらには雇用の増大につながりますし、ロシアとのあいだで商売する日本企業にとっても、パイプや工事用重機などを一気に売りこめるので、またとないビジネスチャンスです。

しかし、それはタイガに棲む動物からすれば、居場所を失うことを意味します。パイプライン建設は、パイプラインの幅だけ自然環境を壊すわけではありません。工事用の機材運搬などのために、広大な道路がつくられますから、驚くほど広く、しかも、長く帯状に自然が破壊され、生態系が完全に分断されてしまいます。つまり、野生動物の生息域が小さくなってしまう。パイプラインと道路建設は、植物を一掃し、動物から生息エリアを完全に奪うのです。

自然の激変と工事の騒音は動物たちにストレスを与えます。ある動物種の生活が撹乱《かくらん》されれば、別の動物種にも影響をおよぼし、撹乱の連鎖が起こってしまう。たとえば、サハリンの石油・天然ガス開発とパイプラインの建設が、ヒグマの生態に影響を与えたために、ヒグマがオオワシの巣を荒らし、ヒナを食べるようになり、オオワシの繁殖が阻害されるようになったように。

パイプライン建設は、動植物に甚大な被害をもたらすばかりでなく、自然のなかで狩猟や林業に従事する人たちの生業にも悪影響をおよぼすことにもなります。総じて、自然のなかで生きる人間を含む生きものが生きにくく、あるいは生きられなくなる。

ＷＷＦロシア（世界自然保護基金・ロシア）や自然保護団体、さらには住民組織が協力して運動し、生きものへの被害を最小化するようにパイプラインのルートの変更を働きかけた事例があります。野生動物基金（１９９３年創設）は、石油・ガスパイプラインのルート（線形）の策定段階から議論に参加し、野生動物への影響がもっとも小さくなるように提案を行ないました。提案はほぼ百パーセント受けいれられたといいます。筆者のインタビューに対して基金側の関係者は、ロシアでは自然破壊に対して補償金を支払うシステムになっているので、経費の精密な計算が提案を受けいれさせることにつながった、と答えました。

東シベリアから南に伸びるパイプラインは、沿海地方を縦断します。そこで、地域住民が参加する会議がもたれ、村を避けるように線形が変更されました。さらに、自然に与えるダメージを縮小するように話しあわれ、アムールヒョウの生息地を護るために、線形が変えられたそうです。

トラにとってパイプライン建設が問題なのは、自然が破壊されるためだけではありません。パイプラインに沿って広い工事用道路が建設されるために、密猟者が森の奥まではいりやすくなってしまう。これも大問題なのです。

③　タイガと動物を護る

自然保護区

自然を護るベクトルがロシアには古くから存在しました。12世紀には狩りのために森林が保護され、1870～1880年、動植物特別保護区が現在のウクライナに設定されました。帝政ロシアのこの保護政策を社会主義のソ連邦も引きつぎ、1935年ころには自然保護区の数は50か所以上にのぼりました。その数は徐々に増加し、2015年には全国で103か所（およそ4000万ヘクタール）の国立自然保護区が、自然を護る働きをしています。このうち、アムールトラの生息するハバロフスク地方には6か所、同沿海地方にも6か所の自然保護区があります。

なお、自然の保護に重要な国立公園は、2015年のデータによれば、全国に43か所あり、このうちハバロフスク地方には、アニュイ国立公園、「トラの呼び声」国立公園、「ウデヘの伝説」国立公園があります。

自然保護区は、動植物を保護するためのエリアですから、監視員が巡回し、人の出入りは制限されます。生態系が維持された保護区は、科学研究のためのエリアでもあります。筆者が訪れたボリシェヘフツィール国立自然保護区は、ハバロフスクから車で約1時間のところにあります。ここには、約17年間、メスのアムールトラが暮らしていました。監視員はトラを見たことはありませんが、足跡によってトラの生存を確認してきました。このトラのほぼ一生をていねいに追った学術論文が、科学アカデミーの研究誌に発表されています。水と環境問題研究所の研究者トカチェンコ氏が２０１２年に発表したもので、トラの生態をめぐる貴重な実証的な学術研究です。

先のボリシェヘフツィール国立自然保護区の事務所には、保護区内に無断で人が出入りしないように見回る警備部、気象のモニタリングなどを行なう調査部、そして環境教育部があります。この保護区ではエコツアーのためのエコ小道が整備され、観察エリアが設定されるなど、手厚い環境教育が実施されていました。保護区事務所には、同地域の生きものを貴重な標本で紹介する博物館も併設されています。

自然保護区の環境教育には何か特徴があるのでしょうか。ここでの環境教育のコンセプトを責任者に訊ねてみました。すると、次のような答えが返ってきました。

「自然を知って、自然に愛着を抱き、自然保護活動にとりくむ人を育てること」

学習が座学や観察で終わることは想定していません。大事なのは、保護活動に参加すること。保護区の環境教育部は保護活動に参加しやすいように、活動プログラムを作成し、学校やさまざまの施設・研究所とも連携して、自然保護活動を組織しています。

森を護ったウデヘの市民運動

ソ連邦解体後、森林の商業伐採が激しくなりました。1990年代前半、沿海地方政府はロシアと韓国の合弁企業に、ビキン川上流の森林伐採権を与えてしまいました。伐採地ではウデヘ族が生活しているというのに。章をあらためてふれますが、ウデヘは森での狩猟や朝鮮人参の採集、漁労などを行なう森に生きる人びとです。森が健康な状態で維持されなければ、ウデヘの生活権は犯されてしまう。

伐採は、計画上はエコロジーに配慮するはずであったのですが。実際はそうならなかった。ウデヘ族は反対運動にとりくみました。それは生存をかけた闘いでした。ウデヘの運動に賛同した外国の環境保護団体が協力し、タイガの破壊が世界中に報道されたのです。森林破壊の反対運動は、裁判闘争にまで発展しました。反対運動の広がりを受けて、地方議会は伐採許可をとり消し、森は護られたのです。

先住少数民族が世界の環境保護団体とスクラムを組んで、生活と自然を護ったことの意味はとても大きい。なぜなら、先住民族が森林開発によって一方的に不利益にさらされるという事態は、世界各地で起こっているからです。

アムールトラをとりまく環境は、人間によって破壊されつづけています。それでも必死に自然環境を保護しようとする人間もいる。破壊する側に比べ、数も経済力もマイノリティですが。

どんなに生息環境が悪化しても、アムールトラは群れをつくらず、不器用に、ゆったりと暮らす孤高の生きものです。種として生き延びられるでしょうか。

第Ⅱ章では、トラと共存してきた少数民族の文化を紹介します。

第Ⅲ章は、瀕死のアムールトラを救おうと懸命に努力した人びとの物語です。1頭を救うところから保護活動はスタートするといえましょう。

エコロジー回廊の設置

トラ保護計画のひとつが、エコロジー回廊の設置です。1994年にロシアで最初のWWFプログラム、アムールトラとその生息地の保護計画がはじまりました。何よりも重要なのは、トラの生息地の保護でした。シホテ・アリニ自然保護区は、絶滅危惧種になってしまった生きものたちにとって命をつなぐ役割をはたしていて、世界遺産にも登録されています。沿海地方の南部にあるラゾとウスリーの二つの自然保護区は、アムールトラの生息密度がもっとも高い地域として知られています。

トラが生息しているエリアとエリアをつなぐ回廊が設定されれば、生息エリア間での動物たちの移動が容易になり、より多くのトラが生きていけるとともに、繁殖もいっそう可能になり、近親交配を避けられるのです。エコロジー回廊計画では、WWFロシアとハバロフスクの野生動物基金が協力しています。２０１１年、ハバロフスク地方環境保護局の責任者にインタビューしたところ、ハバロフスク地方ではすでに4か所のエコロジー回廊がつくられていて、さらに3か所の新設を予定しているとのことでした。

根本的に重要な課題は、野生動物の居場所を確保すること。このためには、森林伐採業者との話しあいが必要になります。クルミやどんぐり（カシの木の実）がなければ、イノシシは生きていけない。イノシシのいない森ではトラも生きていけない。いうまでもなく、シカが生きられなければ、トラも生息できない。だから、WWFは、野生有蹄類の再生計画を立てています。

人間が森林を壊さなければ、野生動物の命の連関は保たれるのです。

ウスリータイガは、多様な動植物の命が輝く森でありつづけられるでしょうか。あるいは、営利目的の森林伐採によって縮小と疲弊を余儀なくされるのでしょうか。森はまさに岐路に立たされています。もし、森林伐採が拡大すれば、先にふれたように、アラースが生まれ、湿原が広がりつづけ、樹木が永遠に生えない土地が拡大することになります。つまり、再生不能な森林破壊のはじまりです。そうなれば、地球上の森林面積が減少する。地球規模の自然破壊が進行することになります。

アムールトラやアムールヒョウなどの居場所を奪うということは、そういうことなのです。生態系が維持され、「生かし、生かされる」生きものネットワークが持続しているか、あるいは、地球規模の自然破壊がはじまっているかを教えてくれる指標、それがアムールトラです。

参考文献

菊間満・林田光祐（２００４年）『ロシア極東の森林と日本』東洋書店、ユーラシアブックレットNo.58

福田俊司（２０１３年）『タイガの帝王　アムールトラを追う』東洋書店

Tkachenko K.N. (2012) Specific Features of Feeding of the Amur Tiger *Panthera tigris altaica* (Carnivora, Felidae) in a Densely Populated Locality (with Reference to Bol'shekhekhtsirskii

Reserve and Its Environs) // Biology Bulletin, No.3

Антонов А.Л., Шестеркин В.П. (1998) Тигровый Дом. По следам маршрутов В.К.Арсеньева // Природа, No.10

Пикунов Д.Г., Серёдкин И.В., Солкин В.А. (2010) Амурский тигр: история изучения, динамика ареала, численности, экология и стратегия охраны, Владивосток, Дальнаука.

Юдин В., Баталов А., Дунишенко Ю. (2006) Амурский тигр. Фотоальбом, Приамурские ведомости.

Московский зоологический парк: к 140-летию со дня основания. Страницы истории под редакцией Л. В. Егоровой (2004), Москва, Эллис Лак 2000

Кучеренко Сергей (2007) Звери Уссурийской тайги, Приамурские ведомости.

Josh Newell (1996/2004) *The Russian Far East A Reference Guide for Conservation and Development*.

参考映像

NHK BSプレミアム「ワイルドライフ　ロシア沿海州ウスリータイガ　原生林に幻のトラを追う」

BS朝日1　BBC地球伝説「野性のアムールトラを探せ！　シベリアの森に生きる　前・後編」

（BBCワールドワイドジャパン）

第Ⅱ章　トラ文化

ロシア極東にはトラとともに生きてきた人びとがいます。しかも、狩猟民なのです。どうして絶対にトラを狩猟しないのでしょうか。そのわけは？

目を転ずれば、日本でもトラへの関心はなかなか高いようです。トラは生息していないというのに。なぜでしょうか。トラへの関心の源に何があるのでしょうか。

トラに対していだく気持ちや、トラと人間とのかかわり方を、トラ文化として、ロシア極東と日本の両方で探ってみましょう。

1　先住民ウデへとアムールトラ

トラとともに生きてきた人びとに会わなくては、トラ保護の話ははじまらない。そう考えて、アムールトラと共存してきた民族、ウデへ（ロシア語でウデゲ、自称はウディエあるいはウデへ）の住む村を訪れることにしました。

① ウデへのグヴァシュギ村の生活

四輪駆動車奮闘する

11月のはじめにウスリー・タイガに四輪駆動車で踏みこみました。目指すは、ウデへの暮らすグヴァシュギ村です。

その村はハバロフスクから210キロのところにあります。出発を前にうれしくない情報が飛びこんできました。雪のために車が立ち往生してしまい、村に行き着けなかったというのです。ガイドや地元に詳しいかたと相談し、いささか不安は残りましたが、何が起こっても大丈夫なように入念に段どりして、あとは運命を三菱デリカに託すことにしました。

さあ、出発です。アスファルト道路を1時間、舗装していない砂利道をひた走ること2時間。ここまでは順調に進みました。その先は、森のなかの道なき道（悪路）を2時間、つっ走る。悪路にはいると大きな穴があり、車は左右に激しくふられます。車のなかで身体が何度もはねました。小川沿いを走るのは気分がいいのですが、川が増水していて、道路と川の境目がよく見えません。何度もひやっとしました。ときどき道をふさいだ小枝で車の窓がしたたかにはらわれます。

車窓から見える森は想像以上に傷んでいました。木立は予想外に背が低く、細い。森林の伐採跡地は荒野と沼地になっていました。アラースです。森林破壊の現場を目撃し、悲しくて声も出ませんでした。もうここに樹木が生えることはないのです。永遠の荒地です。

目指すグヴァシュギ村の人口は、訪問当時（２０１１年）３２０人でした。村に住むウデへは１４６名です。ウデへといえば、クラスヌィ・ヤル村がよく知られています。そこにはユネスコなどの国際機関の調査隊や研究者がやってきますし、観光客も訪れます。訪問先をグヴァシュギ村にしたのには、わけがありました。その理由のひとつは、位置です。アムールトラの調査をハバロフスク地方にシフトさせていたので、ハバロフスクから近い村を選びました。もうひとつの理由は、外部からの訪問者が少なく、ウデへのありのままの生活と文化にふれられると思ったからです。

グヴァシュギ村の生活

ハバロフスクからグヴァシュギ村までウスリータイガのなかを車はひた走りました。目に映るのははてしない森。町らしい町はありません。いきなり目の前がひらけ、一瞬おとぎの国に来たような気がしました。一面に広がった緑の絨毯《じゅうたん》の上に小さな家がポツリ、ポツリと立っていて、さながら童話の世界のよう。グヴァシュギ村に到着したのです。でも、おとぎの国ではないことに気づくのに時間はかかりませんでした。後でふれますが、狩猟民は、市場経済化のもとで苦しい生活に耐えていました。

村の古老（元村長の女性）に連れられて、お清めのための特別なエリアに向かいました。低い垣根で囲まれた特別の空間には、三角のテント状の祠《ほこら》がしつらえられた場所があり、セヴェン（守り神、自然界に存在する信仰の対象をシンボル化したフィギュア）が安置されていました。古老は、入口のたき火から火をとって、香をたき、祠のところにお菓子と一緒に供え、東日本大震災へのお悔やみを述べ、私たちの無事な帰国を願ってくれました。

身を清める儀式を受け、リボンをいただき、願いをこめて、木に結びます。この特別なエリア内の木には、歯がついたままのクマの頭の骨がぶら下がっていました。獲物のクマの骨は捨ててはいけないのだそうで、頭以外の骨は木の祠に葬ります。

特別なエリアの一角には三角のテント状の昔の住居が再現されていました。そこで古老は、昔のウデへ女性の出産の話をしてくれました。妊婦は家族の住居とは別の特別な産室（住まい）で出産したといいます。森のなかにしつらえられた産室は清潔な場所とみなされ、母子の健康によいとされました。かつてはその産室で、母子は15日間を過ごしたそうです。いかにも森に生きる民族の習俗です。

このグヴァシュギ村の民族狩猟組合は、狩猟の権利（ライセンス）を所有しています。狩猟地を借りて、テン、ミンク、シカ、イノシシなどの狩りをして、生計を立てているのです。トラは決して狩猟しません。高価な毛皮のテンとミンクは、ハバロフスクからサンクトペテルブルグに送られるそうです。しかし、狩猟地を国から借りているので、料金を払わなくてはならないのですが、その支払いが苦しいようでした。

同行してくれた文化省の専門家に聞けば、同じウデへの村でもクラスヌィ・ヤルはエコツアーなどのために外国人訪問者も増え、村のなかには店が15軒もあるといいます。それに対して、グヴァシュギ村には店が1軒しかありません。立ちよってみました。店のなかはうす暗い。理由は計画停電でした。店は食料品中心の小さなスーパーマーケット。というか雑貨屋といったほうがいいでしょうか。品揃えはそれなりなのですが、ソーセージなどの人気商品はすぐなくなってしまうとのこと。入荷は1週間にたったの一度だけなので、待つしかありません。計画停電は、電気料金を抑えるために、村がおこなっている苦肉の策でした。

民族組合が狩猟地を5年単位で借り、行政から賃料の請求を受けます。年によっては赤字のこともあり、支払いは楽ではありません。ソ連邦の時代、つまり1991年以前は狩猟地も広く、自由に狩りができたそうですが、市場経済化したいま、狩猟民は狩猟地の賃料の支払いに追われていました。

こうなると、苦しい生活が見透かされ、森林伐採企業と資源開発会社に目をつけられる。金などの鉱物資源が狩猟地内に眠っているためです。こうした企業が虎視眈々《こしたんたん》と森の買収をたくらみ、働きかける。いま森を護り、狩猟民をつづけること自体がむずかしいのです。頼りは自然保護団体と地元出身の有力者だそうです。建設会社が森を伐採しようとした際、野生動物基金の援助を受け、ウデヘ村出身の有力者の電話攻勢も功を奏し、伐採は回避されたとのことでした。

おもてなし

グヴァシュギ村の主な生業は狩猟です。そのほか朝鮮人参の採集やベリー類の栽培、食材調達のための漁労なども行ないます。到着後、私たち訪問者にふるまわれたもてなし料理の主な食材は魚でした。それも、村のなかを流れる川で当日の朝釣ったもので、鮮度は抜群。この釣りたての魚の揚げ物がたいそうおいしかった。魚は、マスの一種でアユほどの大きさでした。スープ料理もこれまた絶品。スープ皿にまるまる一匹がそのまま横たわっていたのには、一瞬おどろきましたが、食べてみて、今度はあまりのおいしさにまたびっくり。

グヴァシュギ村で用意してくれたお昼ご飯
獲れたての新鮮な魚を使った料理　撮影＝曽根直子

そのほか、テーブルにはパンやロシアで人気のお菓子などがところ狭しと並べられました。パンは各自が家庭で焼くとのことでした。かつてはあったパン屋もいまはありません。

ウデへの食文化では魚の占める位置が大きく、多様な魚料理があることを知ったのは、帰国後でした。おもてなしの魚料理に舌つづみを打ったことを思い出し、なるほどね、と納得したしだいです。

ウデへ族のプロフィール

ウデへとはどのような民族でしょうか。遅ればせながら少し紹介しましょう。ウデへは、ロシア連邦の北方諸族のひとつです。ロシア連邦には200以上ともいわれる民族が生活しています。ロシアの極東にもいくつもの少数民族が伝統的な文化を守りながら、自然のなかで暮らしています。民族名をあげれば、オロチ、ウリチ、ネギダル、ナナイ、ニブフ、エベンク、エベンそしてウデヘなどです。エベンはトナカイの放牧を行ない、ナナイはアムール川の沿岸で主に漁労に従事しながら、狩猟や農業も行なっています。

ウデヘの人びとがまとまって暮らしているのは、沿海地方の北東部とハバロフスク地方の南東部です。主にシホテ・アリニ山脈と、ウスリー川およびアムール川の右岸の支流に沿った地域で暮らしています。ちなみにシホテ・アリニは、ウデヘ語で「峠をわたる道」とのこと。

民族帰属を（あなたは何民族ですかと）問われて、「ウデヘです」と回答したのは、２０１０年の全ロシア人口調査データによれば、１４９６人でした（２００２年調査では１６５７人）。このうち沿海地方に暮らすウデヘは７９３人、ハバロフスク地方には６２０人が住んでいます。ロシア人などの異なる民族との結婚も少なくありません。ウデヘのほとんどがロシア語を話しますが、ウデヘ語を使えるウデヘはわずかに82人しかいません。民族帰属がウデヘでない人を含めても、ウデヘ語を使う人は全ロシアでたったの１０３人です。

民族の言語、ウデヘ語は、ツングース・満州諸語グループに属します。ちなみに、トラは、ウデヘ語で「クティ」、ナナイ語で「アンバ」、ロシア語では「チーグル」といいます。

子どもたちのウデヘ語の教科書を見せてもらいました。教科書の一番はじめに学習される単語グループに「クティ」ははいっています。じつはウデヘ語ではトラの呼び名は4つもあるそうです。「若いトラ」「中年のトラ」「意地悪なトラ」「やさしいトラ」と、いささか昔話風の表現ですが、呼び名の使い分けは、ウデヘの人びととトラとのつきあいの深さを感じさせます。

② 伝承される民族文化

村の初等・中等学校

村ではどのような民族文化が継承されているのでしょうか。そこで学校を訪問しました。学校は、建築スタイルこそはロシア的ですが、なかにはいると、まっさきに多目的ホールのトラの壁飾り（彫刻）が目をひきます。見学のはじめは玄関をはいってすぐの学校付属博物館でした。大きさは教室大です。

学校付属博物館には、狩猟民の歴史を物語る道具類とトラにゆかりの資料が部屋の四方の壁に沿っていっぱい展示されていました。部屋の一辺がすべてトラの本やパンフレットなどのトラ関連の展示に使われていました。トラのセヴェン（お守り）もありました。説明

トラの「セヴェン」　撮影＝曽根直子

者によれば、ウデヘは、自分たちをトラの子孫と思っているそうです。

部屋の中央の床にはクマの敷物があり、対応してくださった教師（生物担当教員）は、誇らしげにウデヘの文化をていねいに説明してくれました。彼は毎週火曜日と木曜日の午後4時半から、子どもたちをクマの毛皮のうえに座らせ、ウデヘの昔話をするそうです。

「セヴェヒ」は家や人びとを守ってくれる守護霊のような存在
撮影＝曽根直子

展示からいろいろと学ぶことができました。ナナイに比べ、ウデヘの船は頑丈なつくりといわれますが、展示されている船のミニチュアを見てもじつに頑丈そうでした。ウデヘの伝統的な船は、狩猟の獲物を載せるためでしょう、約1000キログラムの荷を積載できるといいます。船の先端のスペースは、狩りのお伴をする猟犬の席。かつて、ウデへの猟師が猟銃をもって川を船でのぼる記録映像を見ましたが、船の先端の台状のところに犬が座り、前方をしっかりと見すえていました。船のミニチュアを見ながら、なるほどそうなんだと、猟師と犬の乗った船が川面を進む姿が、眼に浮かびました。船の底にはイノシシの毛皮を敷くそうです。

猟師は、夜、動物が水を飲む音を聞けば、それだけで動物の種類がわかるといいます。動物が塩を摂取する場所（塩分を含んだ粘土質のある場所）をつきとめ、そこに塩をまいて動物を待ちぶせる。学校付属博物館での説明の大部分は、こうしたウデへの伝統的な猟の方法と狩猟道具および狩りの知恵についてでした。

子どもたちとトラ

グヴァシュギ村の初等・中等学校の生徒たちに集まってもらいました。当時、生徒数は、1年生から11年生まで合計27人です。そのうち14人が来てくれました。同席したのはウデヘ語の先生です。ウデヘ語は、2年生から8年生まで学習します。小学校（1年から4年まで）では必修で、1週間に2~3時間学習しますが、中学校では選択授業となります。

集まってくれた子どもたちは、みんな少しシャイで、すなおでかわいい。顔立ちから判断すれば、純粋のウデへの子どもばかりではなく、混血の子どもやロシア人らしき子どももいました。

「将来、何になりたいの?」ときくと、返ってきたのは、「お医者さん」「タクシードライバー」「獣医さん」などなど。とくに、ある生徒の「歯医者さん」という答えに全員がどっとわきました。この村には歯医者さんがいないから、期待をこめた歓声です。もちろん、医者もいませんが、「歯医者がほしい」、これは切実な願いなのです。

政府は、この村の生徒のうち大学の教育学部と医学部に進学するものには、寮費を無料にするなど優遇措置をとっています。とはいえ、教員になった出身者は村に戻っても、医者となったものは戻ってこない。これが現実なのです。

「トラのこと知っている?」ときいてみました。子どもたちの反応はとてもよく、「トラは好きだよ」「動物園で見た」「足跡を見たことあるよ」と気持ちがこもり、具体的です。「トラを絶滅させないように、護らなくちゃいけないんだ」「レッドブックに登録されているよ」と、なかなかくわしい。

子どもたちはトラのことをさすがによく知っていました。トラの置かれた状況もしっかり理解しています。なんと足跡の重要性までもよく心得ている。トラと生きてきたこの村の子どもたちならではの発言でした。

子どもたちが描いたトラの絵が展示されていました。見ると、トラの特徴的なポーズが描かれていて、幼いタッチであっても、トラの生態をじつによくつかんでいる。トラは、この村の子どもたちにとってたいそう身近で、リアリティのある生きものなのです。

村の博物館が、学校付属博物館とは別にあります。ここには、付近の歴史遺産（岩絵）のパネルや、テンを捕らえる網などの狩猟の道具各種などが展示されていました。ウデへについての本や研究書などもあります。展示棚には、トラの形を模したセヴェンがつつましく置かれていました。

民芸品の部屋には、クマ、トラ、ウマ、フクロウなどのオーナメントが展示されています。トラにゆかりの民芸品はあるにはあるが、意外にもあまりに少ない。どうしてでしょうか。それは、トラが神聖視されている（尊い存在としてあがめられている）からです。

魚の皮でつくった手袋や靴などの展示品は、ウデへが漁労も行なう証拠です。

口承文芸（口づてに引きつがれる文化）

村にある「文化の家」（公民館のような文化施設）で子どもたちが音楽と踊りを披露してくれるといいます。よろこんで向かいました。ほとんどの出し物で主人公は動物でした。生徒たちによって動物が主役の昔話が演じられました。主人公として登場したのは、フクロウ、コウマ、ヘラジカ、クマなどでした。なかには狩人が登場する話もありました。

出し物の伴奏といえば、ほぼ太鼓、それから腰につけた鈴だけといたってシンプルです。そのほか、森の小枝を使って音を出すとか、口琴の類（竹製などの細長い薄片の一端を口にくわえ、指・紐で振動させ、口腔で共鳴させ音を出す楽器）が用いられていました。古老はウデヘ語で歌謡をうたいました。ダンスの動きには、シャマン（神や死者の霊などと直接交渉し、予言や治療を行なう宗教的職能者）の身のこなしを想起させるものが多かったように思います。

ウデヘのお祭りではシャマンが活躍します。ソ連邦解体前、シャマンの信仰的な意味は薄れましたが、現在ではシャマンは民俗学的な価値を認められ、影響力と役割をとりもどしました。ウデヘの宗教は、シャマンを仲立ちにした霊的存在とのつながりを軸にしています。

ウデヘの口承芸能についてとくに目立つのは、「歌謡のジャンルが多様性に富み独自の発達をしている」ことだといわれます（荻原眞子〔1996〕『北方諸民族の世界観　アイヌとアムール・サハリン地域の神話・伝承』、43ページ）。北方諸民族の世界観を研究した荻原眞子氏によれば、ウデヘでは口承文芸のテーマは、「現実にあった歴史的事件、狩漁や日常における出来事についての話、神話、氏族の起源伝承、シャマン伝説など」および昔話で、「主人公は動物、ことです。子どもたちの出し物も、主人公は身近な動物と猟師でした。

狩人や漁師で、狩猟民の日常生活を反映している話が多い」（荻原、前掲書、43ページ）との

トラとウデへ

ウデへのグヴァシュギ村を訪問すると、トラが生活の一部に位置づいていることを、肌で実感します。さまざまな生活の場からトラへの親近感と畏敬とが伝わってくるのです。野生動物で、しかも自然界では目にすることがほとんどない動物に親しみを感じながら、それを尊びあがめるというのは、やや矛盾した感覚を同時にもっているようにも思えます。でも、トラへの親近感と尊崇は、ウデへにあっては切っても切れない関係にあるようです。トラと人間は自然のなかでともに生きるなかまですから、ウデへは一方ではトラに親近感を抱きます。他方、ウデへはトラを尊びあがめ、トラを神聖視することで、生きもののネットワークの秩序をつくり、同時に、そのネットワークのなかに人間をも位置づけます。こうして、生きものの命の連関の全体を護る思想を育んできたと思われます。森と動物と人間との命の関連を重視することで、人間は自然の恵みを享受する。むやみにそれらのつながりを壊すことをいさめる。こうした世界観を、ウデへの生活から感じとることができます。

③　自然のなかでトラとともに生きる意味

北方諸民族の世界観とトラ

北方諸民族の世界観のなかには動物が位置づいています。アムール・サハリン地域（ロシア極東のサハリン島およびアムール川流域）の神話を研究する荻原眞子氏は、ナナイ、オロチ、ウリチ、ニヴフ、ウデヘ、ネギダルなどの昔話を集め、分類し分析しました。残念なことに、氏の研究書にはウデヘからのトラをめぐる昔話は載っていませんが、ナナイやオロチなどから聞きとった話は記録されています。

現地の研究者によれば、ほかの民族とくらべウデヘには昔話が少ないそうです。また、ウデヘへの民族起源を探ると、オロチやナナイなどとの結びつきが強いようなので、ナナイの昔話に注目してみました。

荻原氏の労作にもとづけば、次のようになります。

アムール・サハリン地域には、人間と動物をめぐる伝承が多く残っています。狩猟民あるいは漁労民にとって、狩りの獲物は最大の関心事ですから、当然といえば当然です。これらの人びとにとって特徴的なのは、「この自然の世界に生きて蠢《うごめ》いているさまざまな生き物がある強力な意志によって統括支配されているという観念」です（荻原、前掲書、172

ページ）。この統括する強大な意志をもつ存在は、自然の「主」と呼ばれてきました。自然の「主」が、生きもの世界をまとめているというのです。

生きもの世界には人間も含まれていて、人間もこの「主」の意志によって支配され、「主」の意志にかなうことによって、狩人や漁師ならば、獲物に恵まれるというのです。では、「主」とはどういう存在か、気になります。

トラ、クマ、シャチと人間についての伝承が多く、これらの動物が「主」の特徴を色濃くもっています。ただ、クマには「熊の主」はいますが、クマは狩人に獲物を授ける「獣の主」ではなかった、と荻原氏は分析しています。

自然の「主」トラにまつわる昔話

荻原眞子氏によって集められたトラをめぐる昔話のなかから二つを紹介します。なお、荻原氏の書物から引用あるいは要約する場合、トラは氏の表記にもとづき虎を用いることにします。

「獣の主」としての虎の伝承には、虎自身が「主」の場合と、虎が天神もしくは祖先神の使者である場合とがあります。

ナナイの伝承を紹介しましょう。
「森で餓死しかけた猟師と家族が、虎に『何か食べられるものをよこして下さい』と懇願しました。すると、虎がシカをくわえてきて、投げ出し、森へ去りました。猟師の家族は、虎が噛み殺したシカの肉を食べることにはためらいがあったのですが、結局、その肉を食べて、命を救われました」（要約）。

虎にかかわる昔話のテーマには、「獣の主」としての虎の伝承のほかに、虎の報恩譚（恩返し話）もあります。虎が人間によって救われ、虎が恩返しをするという昔話です。そのひとつを紹介します。虎が人間によって危急を救われ、その返礼として狩人に猟運を授け、狩人は生涯幸せに暮らせたという筋です。同じくナナイの話ですが、要約すると次のようになります。

「老夫婦が暮らしていました。狩りに出た老人が、2頭の子虎を見つけました。母虎は死んでいたので、老人は子虎を狩りの際に使う小屋に連れて行き、そこで養い始めました。3年間飼育すると、子虎は一人前の立派な虎に成長しました。そこで、老人は、虎に別れを告げたのです。
その後、老人の夢に虎が現れ、『お力になりましょうか』と言いました。それからというもの、老人のもとに、虎がさまざまな獣を引きずってきて、プレゼントしたのです。やがて老人は亡くなりました。連れ合いの老婆が老人の墓に行くと、2頭の虎がいました。

老婆の夢に、虎が2人の若者の姿になって現れ、『私たちはここから立ち去ります』と別れを告げました」（要約）。

3年間トラを養うという筋には思わず驚いてしまいます。なぜなら、3年でひとり立ちするというトラの生態が活かされた話になっているからです。

ウデヘはなぜトラを殺さないのか

ウデヘは、狩猟および漁労、採集に従事し、まさに自然のなかで動植物とともに生きてきました。だから、ウデヘの世界観では動植物と人間との関係が格別に重要です。昔話の伝承についての荻原氏の研究にも学び、ウデヘにとってのトラの意味を再度整理してみました。

ウデヘをふくむアムール・サハリン地域の諸民族は、トラを、生きものたちの「主」と位置づけ、したがって、トラを尊びあがめてきました。同時に、精神世界においてトラと相互援助的関係、いわば、気持ちのうえで親しい関係を築いてきたのです。トラから獲物をもらうことで、ある家族の命が救われたという昔話もあれば、トラが人間によって危急を救われ、そのお礼として狩人に猟運を授ける話もあります。つまり、トラと人間との関係はたがいにむくいるものなのです。この世界観は、とくにナナイとウデヘに濃厚であると思われます。

自然のなかの生きものの世界の頂点にトラを据えることで、生きものネットワークの秩序が形成されます。人間も、トラが「主」としてコントロールする自然界の一員なのです。ようは、人間も自然の生きものたちの調和に組みこまれることです。

ちなみに、私も現地で聞きとりしたのですが、各民族にはかならずトラを先祖としてだいじにする家族があるとのことでした。ウデヘならば、キマンコー家、ナナイならば、アクタンカ家だそうです。

人間は、自然界＝動物世界から離脱した特別な生きものではない。だから、人間は上から動物を見おろし、勝手のできる存在ではないのです。ある動物を撲滅したり、営利目的で一網打尽にしたり、残虐にあつかったりしてはならないのです。

現在も、ウデヘはトラを狩猟しません。トラは人間を含む動物の「主」だから、トラを狩猟すれば、生きもののネットワークの調和が崩れる危険がある。このことを、今日的に読みかえれば、トラは、エコシステム（生態系）の頂点に位置しており、生態系が傷ついていないかどうか、いわば、その健康状態を診断するときの秤《はかり》となる指標的な動物だということです。

生態系を破壊しないようにと、知識と科学で論じても、現代の文明社会では、動物の虐殺やむやみな狩猟は止まりません。しかし、ウデへ社会では、先に述べたように、人間を含む生きものネットワークの命の連関という全体性の世界観が息づいており、いたずらに動物を殺したり、むやみに虐待したりすることはないのです。

2　日本のトラ文化

日本にはトラが生息していないのに、トラにかかわる慣用句は数多くあります。また、トラはアニメ風にアレンジされて、テレビコマーシャルなどにもちょくちょく登場します。会社の商標（シンボルマーク）としてもよく見かけます。どうも私たちはトラに対して親しみを抱いているようです。どうしてでしょうか。トラに対してどのようなイメージを抱いてきたのか、少し調べてみました。

① 日本人はトラが好き！

なじみのトラたち

日本人はトラ・寅・タイガーが好きなようです。商標にトラを用いる企業は少なくありません。タイガー魔法瓶やタイガー・ボード（吉野石膏）などがよく知られています。和菓子の老舗「とらや」ののし紙にはいささか神々《こうごう》しいトラが描かれています。

トラといえば、スポーツでは野球の阪神タイガース、映画ではフーテンの寅さんがすぐに思い浮かびます。そうそう、アニメのタイガーマスクも忘れてはならないでしょう。

阪神タイガースのユニフォームの袖章にはトラのマークがついています。きりっとした威厳のあるトラがほえているデザインは、強さだけでなく品格をも感じさせます。

山田洋次監督の『男はつらいよ　フーテンの寅』は日本映画史にひとつの金字塔をうち立てたといってもいいでしょう。渥美清が演ずるフーテンの寅さんシリーズが長くつづいたのは、内容が人びとの気持ちをしみじみとなごませ、主人公の不器用なやさしさが見るものの心をうるおしてくれたからでしょう。

トラにゆかりのアニメも人気を博しました。『タイガーマスク』です。梶原一騎作のプロレス漫画、アニメ作品の主人公・伊達直人は児童施設「ちびっこハウス」で育ちました。動物園のトラの檻の前でけんかしたことがきっかけで悪役レスラー養成機関にはいり、レスラーへの道を歩むことになります。直人はおなじ身のうえの孤児たちを助けたいと、収入の一部を児童施設に寄付するようになるのです

２０１０年の年末、「伊達直人」を名乗る人が児童施設にランドセルなどを寄付して話題になりました。

ここから浮上するトラのイメージは、「強い」「負けない」というだけでなく、「弱いものの味方」「権力的な存在やトップエリートとは別の強さ」「品格」「いさぎよさ」などです。

② 文字表現のなかのトラ

トラの日本デビュー：『万葉集』と『日本書紀』

日本で人びとがトラという動物を知るようになったのは、いつごろからでしょうか。

トラが日本にやってきたのは、欽明天皇の時代で、西暦５４５年です。百済に遣わされた膳臣巴提便《かしわでのおみはてび》がトラの皮をもち帰った、と『日本書紀』にあります。本物の生きたトラのデビューは、宇多天皇の時代、西暦８９０年でした。

トラは、『万葉集』にも登場します。境部王《さかいべのおおきみ》が、「虎に乗り、古屋《ふるや》を越えて、青淵《あをふち》に、蛟龍《みつち》捕り来む、剣太刀《つるぎたち》もが」と詠んでいます。

故事、慣用句のなかのトラ

トラにまつわる故事や名言は多く、トラはいい伝えに溶けこみ、実物よりもイメージとして身近な動物になっていったようです。トラにかかわる故事成語は、アムールトラの生息地である中国から伝わってきたものが多く、そのためトラについての表現にリアリティがあります。奥平卓・和田武司著『漢語名言集』(岩波ジュニア新書、1989年)、實吉達郎著『動物故事物語』(上下、河出文庫、1988年)、『故事ことわざ辞典』(小学館、1996年)を参考にしていくつか紹介しましょう。

「虎穴に入らずんば虎子を得ず」

これは、いうまでもなく、危険を冒さなければ、大きな成果をあげられないといった意味で使われます。名言の主は、後漢(25年から220年までの中国の王朝)の初期に活躍した班超です。彼は、わずかな手勢で敵の匈奴(モンゴル高原で活躍した騎馬民族)の前線を急襲し、壊滅させたのですが、急襲を前に部下に向かってきっぱりといい放ったフレーズがこれです。班超の豪快な生き方を象徴する表現で、彼が決然といい放つシーンが目に見えるようです。

「虎の威を借る狐」

「虎の威を借る」は、権力者の威光を借りていばる、という意味ですが、この表現は『戦国策』（中国の史書、周の安王から秦の始皇帝までの約250年間の策略集）にある寓話にもとづいています。

王の問いに対して、家来の一人の、いわば、ゴマをすった応答がもとになっています。王は、「北方の諸国が、わが宰相、昭奚恤《しょうけいじゅつ》を恐れているそうだが、まことであろうか」とたずねました。一同が答えあぐねているなかで、ひとり江乙《こういつ》が次のようにいいました。

「虎がきつねを捕まえました。そのとき、きつねは、自分は天帝から百獣の王に任命されている、自分を殺せば、天命に逆らうことになるといい放ったのです。そのうえで、百獣の王であることを立証するから、俺について来いとまで指示しました。きつねが歩きはじめると、行きかう動物はいずれも逃げだしてしまいます。じつは、動物たちは虎を恐れて逃げたのですが、虎にはきつねが恐れられているように思われました」。

江乙は、この話を用いて、北方諸国が恐れているのは、動物が虎を恐れたように、じつは昭奚恤に任せた王の兵力なのだ、と語ったのです。でも、この話にはオチがありました。江乙は、忠臣のように見えますが、ほんとうは敵のまわし者で、江乙自身が悪知恵にたけたきつねであった、というものです。

「虎の尾を踏む」「虎口を脱する」「前門の虎・後門の狼」「虎の子」

虎づくしで説明しましょう。ある小学生が、やっと手にいれた人気ゲームソフトで遊ぼうと、宿題もせずに友だちのところに出かけようとします。このだいじなゲームソフトが「虎の子」です。運悪く家庭訪問で担任の先生がやって来ました。チャイムが鳴って、母親が居間から出てきます。小学生はどうにもこうにも動きがとれません。「前門の虎・後門の狼」です。先生が母親と応接間で話しはじめました。このすきをついて外出するのは、危険です。とがめられかねません。「虎の尾を踏む」ことになるかもしれないのです。そこで、かいがいしく先生と親にお茶を出し、一呼吸置いて、「友だちのところへ宿題しに行くね」といって家を出ました。「いってらっしゃい」と母親。やれやれ、「虎口を脱」したのです。

「前門の虎・後門の狼」は、前と後ろの両方からはさみ撃ちになり、どうしたらいいかと進退きわまった事態をいいます。「虎の子」とは、親トラが子トラをすこぶるだいじにすることにちなみ、虎がわが子をたいせつにするように、たいせつにすべきものを意味しています。「虎口を脱する」は、危機を脱して、ほっとする状態。「虎の尾を踏む」は、非常に危険なことのたとえです。

「虎は千里行って千里帰る」

虎は、千里も遠くに行っても、無事に戻ってくる。そこで、勢いがあり、行動力にすぐれていることを指しています。また、親トラが子どものもとに千里の道をもどると解釈し、子を思う親のあつい気持ちを意味している、ともされます。この意味では、「虎は子を思うて千里を帰る」という成句もあります。

トラが日本の人びとの心に住みついたわけ

トラが出てくる慣用句があまりにも多いのをみても、トラがイメージとして多くの人びとの心に浸透していたことがうかがえます。それでは、ことわざや故事や慣用句からみえてくるトラのイメージはどのようなものでしょうか。

故事などの虎にまつわる伝承的な表現は、大づかみにいえば、トラの勇猛さにもとづいています。トラのこのうえない強さは、一方では、神聖視につながり、他方では、怖さ、おそろしさと結びつきました。だから、トラは、一方では魔よけになり、「立派さ」の代名詞になり、他方では恐ろしさのあまりきらわれものにもなったのです。

日本でもトラの「強い」という印象があまりに鮮明なために、トラをもち出せばわかってしまうイメージの世界があり、それを多くの人が共有してきたといっていいかもしれません。実物は見なくても、十分に説得力をもつ生きものとして、日本の人たちの心にトラは住みつきました。

小説のなかのトラ

小説のなかのトラをひとつ紹介します。中島敦《なかじまあつし》（1909―1942年）の『山月記《さんげつき》』は、1942年2月に『文学界』（1933年、川端康成、小林秀雄などによって創刊）に発表されました。

『山月記』は、博学で優秀な李徴《りちょう》が、虎として生きる時間と、人間として生きる時間との両方をもつようになる話です。李徴は、秀才で中央の役人になりますが、詩人としての成功を夢みて、役人を辞めてしまいます。でも、詩人として成功できず、妻子の生活のために地方役人となります。自尊心は傷つくばかりで、そうこうしているうち、出張先で発狂し、宿から走りでます。気がつくと、手先などに毛が生え、虎になっていました。

彼は、虎としての生活と、人間としての生活を行ったり来たりするようになります。だんだんと虎の時間が多くなるのにおそれを感じはじめたころ、数少ない親友の一人に林のなかで出くわしてしまいます。そのとき、李徴は虎として生きている時間帯でしたから、友人にあわや襲いかかりそうになります。すんでのところで思いとどまり、草むらに身を隠し、むせび泣く李徴。その声が李徴とわかり、親友は姿の見えない声の主と涙ながらに会話します。

李徴は、書きためた詩を親友に書きとってもらいたいと懇願します。このまま虎としてこの世を去るのでは、死んでも死に切れない。書きとった詩はすばらしいできばえだったのですが、何かが少し足りない、と親友は感じました。

李徴は、師に学ぶこともせず、詩人仲間を作って切磋琢磨《せっさたくま》することもなく、才能の不足が暴露されるのをおそれ、時間を無駄にし、いま、虎になりつつある。悲しみとつらさで胸は締めつけられ、この苦しさを誰かに伝えたくて、月に向かってほえるのです。

李徴は、別れぎわに、友人にもうひとつの願いごとをしました。妻子に、自分は死んだと伝えてほしいというのです。そのように頼みながら、このことこそ、第一に依頼すべきことであった、と深くくやみます。妻子への伝言こそ、詩の作品を将来に残すよりも重要なことだと気づいたのです。

二人は別れを告げ、親友は涙にくれ、李徴は悲しみのあまり声をつまらせます。親友一行が、丘の上から振りむいて先ほどのくさむらを見ると、1頭の虎が道に躍りでて、月に向かって二、三度ほえ、くさむらに跳びこみ、二度と姿をみせませんでした。安らぐまもない孤独のなかに、李徴はいたのです。

トラは、孤高の動物であり、強いけれど、孤立無援を生きる生きものです。虎の登場は、中国の話から素材をとっているからですが、そればかりでなく、「孤独」をクローズアップするならば、トラはうってつけの動物ではないでしょうか。

③ 神社仏閣・古墳のトラ

神社仏閣とトラ

狛犬《こまいぬ》ではなく、狛虎を見たことがありますか。有名なのは京都の鞍馬《くらま》寺の狛虎です。山門入口で狛虎が迎えてくれます。ケーブルの多宝塔駅で降り、さらに緑濃いさわやかな山道をのぼると、本殿金堂につきます。その本殿の前に控えるのも、立派な阿吽《あうん》の虎です。トラは、御本尊の一尊である毘沙門天《びしゃもんてん》のお使いといわれています。毘沙門天の出現が、トラの月、トラの日、トラの刻であったからです。阿吽の「阿」は口を開いた形で、物事のはじまりを、「吽」は口を閉じた形で、物事の終わりを意味するとされ、阿吽で万物のすべてを表すことになります。

そのため、毘沙門天をまつるところでは、狛虎に会うチャンスがあります。東京では、神楽坂にある創建400年を超える毘沙門天・善國寺《ぜんこくじ》で狛虎に会うことができます。この善國寺は日蓮宗の寺で、「毘沙門さま」となれ親しまれてきました。

神社仏閣には、トラにまつわる故事が、描かれていることがあります。千葉県匝瑳《そうさ》市（飯高）にある飯高《いいだか》神社の本殿は千葉県指定有形文化財ですが、本殿をとりかこむ「瑞垣《みずかき》」（玉垣）には「二十四孝」の彫刻が施されています。

「二十四孝」の一人、楊香の故事は、トラにまつわるものです。父親とともに山でトラに出くわした楊香は、自分が虎に食べられてもいいから、父親は救われるようにと、神に懸命に祈ったところ、トラは退散した、という孝行譚（話）です。

中国の王朝は、儒教の教え（孔子の思想に基づく教え）を重んじ、孝行をたいそう推奨しました。「二十四孝」は、代表的な孝行者24人の物語です。

「二十四孝」の彫刻は、千葉県内ではもう1か所、成田山新勝寺《しんしょうじ》で見ることができます。東京成田国際空港に近い成田山新勝寺は、人びとが正月や節分で詣でる日本を代表する寺のひとつです。ご本尊は不動明王で、弘法《こうぼう》大師空海がみずからがのみをふるい開眼した尊像です。大本堂は、１９６８年に建立されたもので、堂々とした立派な伽藍《がらん》です。

大本堂に向かって左手にある釈迦堂は、この大本堂が建造されるまで新勝寺の本堂でした。安政５年（１８５８年）に建てられた総ケヤキづくりの重要文化財です。周囲の彫刻は繊細をきわめ、思わず目を見張ります。外壁には、美しいたまもく（渦状の木目）がいくつも浮かんでいます。外側の壁面には５００人の羅漢《らかん》群像（仏教の聖者たち）が彫刻されていて、圧巻の一語です。

新宿区神楽坂にある
毘沙門天・善國寺の狛虎

釈迦堂の両側面と裏手にある観音開きの扉には、二十四孝が彫刻されています。江戸期を代表する名工、嶋村俊表《しゅんぴょう》の作品で、扉の1枚に2話が描かれ、すみに主人公の名前が彫られています。トラにまつわる親孝行話は、裏手の扉に彫刻されています。身体をいささかくねらせた大きなトラに対して、楊香は両手をひろげ、父親を護るように立ちはだかる。サッカーでゴールキーパーがゴールを守るようなしぐさが、楊香の必死さをよく表しています。どの作品も奥行きが深く、その見事さに眼を奪われます。

トラは宗教思想と相性がよく、自己犠牲の精神を伝える捨身飼虎図《しゃしんしこず》はよく知られています。とりわけ法隆寺の玉虫厨子《たまむしのずし》（厨子は仏像や経典を安置する仏具）が有名です。筋は、釈迦の本生譚《ほんしょうたん》（ジャータカ：釈迦の前世の物語）にもとづいています。自己を犠牲にして他の命を救う話ですが、玉虫厨子には王子が飢えた虎家族の命を助けるために進んで犠牲になるストーリーが美しく描かれ、自己犠牲という思想の崇高さが示されています。

古墳壁画のトラ

キトラ古墳壁画が、２０１４年春、東京国立博物館に展示され、多くの人が連日長蛇の列をなしました。キトラ古墳の壁面の天井ちかくには、四神が描かれています。天の四方を司る霊獣（神々しく、尊く、めでたい生きもの）のうち、南の朱雀《すじゃく》、西の白虎《びゃっこ》、北の玄武《げんぶ》が展示されました。東の青龍《せいりゅう》は、侵入した泥土によって表面が覆われ、そのため全体像がわかりにくいそうです。

飛鳥時代、7~8世紀につくられたにもかかわらず、壁画の霊獣の姿形は、想像以上によく保たれていました。とりわけ白虎は、中央の色目がくすんでいるものの、顔の表情までくっきりと鮮明です。前脚の肩の毛は、翼のように、長くやや斜め上後方にたなびき、尾が後脚にからまって上にはねあがるフォームは、美しい流動感を漂わせています。

トラは、東アジアの古代思想において霊獣とされ、四神の一角を構成し、古墳壁画に描かれたのです。

④ 絵画のトラ

襖絵と屏風と掛軸のトラ

日本に生息しないのにトラは、よく絵画の画題にもなりました。

日本では16世紀室町時代に、龍や虎が屏風《びょうぶ》に大きく描かれるようになります。桃山時代には、家の入り口に近い部屋に、虎や龍が描かれました。意外にもたけだけしい姿ばかりでなく、動物家族がなかよくたわむれる姿が好まれたそうです。なぜかといえば、たけだけしい動物がたわむれるほど、この家の人間家族が平和であることを示したかったからです。

トラは、同じく吉兆《きっちょう》（よいことが起こるしるし）を知らせる鵲《かささぎ》とともにたびたび描かれました。きわみは、京都の報恩寺の鳴虎《なきとら》図でしょう。中国の絵師によるこの作品のトラは、霊獣としての神々しさをたたえつつも、毛の一本一本がていねいに描かれ、動物としてのリアリティにあふれ、じつに圧巻です。この作品が気にいった豊臣秀吉が聚楽第《じゅらくだい》にもち帰ったところ、夜中、画中の虎が鳴きやまなかったので作品を寺にもどした、といういい伝えがあります。近世障壁画における「水呑み虎」の原点とされる名品です。

日本画の大家がそれぞれ虎を描いているところからも、トラが絵のテーマとして魅力があり、また需要も多かったと思われます。安土桃山時代の長谷川等伯（1539―1610年）は、有名な「竹虎図屛風」（六曲一双）を描きました。竹林の虎がネコをうわまわるしなやかさで身構えるように前方をみつめています。尻尾はやや貧相ですが、躍動感が伝わってきます。一方、左側の虎は、耳裏を足で掻くしぐさで、いたってのんびりしている。トラの二つの矛盾する特徴が見事に描きわけられています。

生きたトラは、890年に日本にもたらされたといわれますが、17世紀の南蛮屛風には、生きたトラが見世物小屋にかけられ、また、檻にいれられ、担がれて運ばれるさまが描かれています。

江戸時代になると、画家によって多様なトラが描かれるようになります。円山応挙《まるやまおうきょ》（1733―1795年）は猫のようなかわいらしいトラから、たけだけしいトラまで描いています。

応挙の高弟、長沢蘆雪《ろせっ》（1754―1799年）の手になるトラは迫力満点。いささかネコを思わせるところがなくもありませんが、大胆な構図で絵から勢いよく飛びだしそうな迫力は、やはりトラそのものです。

虎図はもっとも大切な空間に描かれた、といわれます。トラを従える存在は、真の支配者であるという思想に裏づけられてのことでした。こうした中世以来のイメージが、虎図のなかで生き続けました。

開府400年記念名古屋城特別展「武家と玄関　虎の美術」パンフレット表紙

トラが登場する画題でよく知られるもののひとつが、「四睡図」でしょう。トラは宗教画に描かれてきたというわけです。トラにもたれる禅師（豊干《ぶかん》）と弟子（寒山《かんざん》と拾得《じっとく》）、3人と1頭がよりそってすこやかに眠っている図で、禅の境地を語る絵です。絵からはなんとも柔和な穏やかさが伝わってきます。

トラは、神聖な霊獣であり、吉祥

のイメージをもつとされました。と同時に、勇猛なトラを手なずける人間（宗教者であったり、武将であったり……）を優秀な支配者としてイメージさせる装置ともされたのです。虎図は、建物の入口や特定の部屋に飾られることで、霊獣が守る、したがって、特別な空間を象徴する役割をはたしました。四神の一角となるとともに、また、仏教思想を説明するときによく登場する動物でもあったのです。

近世絵画のトラは、実物のトラとはだいぶ異なります。絵師はおそらく毛皮や中国の絵画によってトラを知ったからでしょう。とくに顔の表情が空想上の動物なのです。ところが、近代になると、絵画の虎は一変します。画法の近世から近代への展開によって、絵画のトラは、空想上の霊獣から、動物園で見られる科学的に定義される動物種となりました。

⑤ 歌舞伎と落語のトラ

歌舞伎のトラ

歌舞伎にもトラが登場します。ここでは、近松門左衛門《ちかまつもんざえもん》作の「傾城反魂香《けいせいはんごんこう》」を紹介しましょう。主役は土佐将監《とさのしょうげん》の弟子の又平と妻のおとくで、この夫婦が奇跡をおこす話です。虎はどこに出てくるのでしょうか。

とのはじめは、とらわれの身になった絵師（狩野四郎二郎元信）が自分の肩を食い破り、自身の血を襖《ふすま》に吹きつけて描いたトラの絵です。トラが絵から飛びだして、絵師を救います。でも、トラは流浪の身になってしまう。結局、優秀な若手絵師によって、絵筆で描き消されます。トラの出番は少ないのですが、トラは、なじみの画題であることを前提に、上流階級に限らず町人も楽しむ娯楽に登場し、あらすじ作りに役立っていたわけです。

落語のトラ

庶民の娯楽といえば、落語は欠かせません。トラのかかわる落語を一席。題して「ねずみ」。別名「甚五郎のねずみ」ともいいます。

左甚五郎《ひだりじんごろう》（江戸時代の初期に活躍したとされる伝説的な彫刻師）が奥州へ旅に出て、仙台で宿を探していると、12歳の子どもから、「うちへとまってください」と声をかけられます。子どもの家はみすぼらしい宿屋でした。屋号は「鼠屋」。主人の卯兵衛は腰が抜けていて、息子が働いています。この鼠屋の前には立派な虎屋という宿屋がありました。じつは卯兵衛は、この虎屋の主人だったのですが、後妻の女中頭と番頭に宿をのっとられてしまったのです。卯兵衛は、物置を使って宿屋をつづけていました。

甚五郎は、ねずみを1匹彫って、たらいに入れて竹網をかけ、「福鼠」と名づけ、この鼠をご覧になったかたは、ぜひ鼠屋におとまりくださいと、書きそえました。この鼠が動くことが評判になって、鼠屋は大いに繁盛するようになり、建て増しして、大きな宿屋になりました。

一方、虎屋は人気が落ち、客が来なくなった。そこで虎屋の主人は、仙台の彫刻師に頼んで、虎を彫ってもらい、それを鼠屋のねずみを見下ろすところに据えたのです。とたんにねずみが動かなくなる。卯兵衛は怒ったあまりに、腰が立ち、そこで、江戸の甚五郎に手紙を書きました。「私の腰は立ちましたが、ねずみの腰は抜けました」と。

甚五郎が弟子とともに仙台に来て、虎屋に据えられた彫刻の虎を見ました。いいできばえとは思えない。そこで、ねずみに話しかけます。自分は、魂を打ちこんで彫りあげたつもりなのに、あんな虎が恐いのか、と。ねずみは次のように答えました。「え、あれは虎ですか。あっしは猫だと思いました」

⑥ 人間はトラをどのようにみてきたか

世界のトラをめぐる民俗を掘り起こす：南方熊楠『十二支考』

日本を代表する民俗学者・柳田國男《やなぎたくにお》（１８７５―１９６２）が「南方熊楠《みなかたくまぐす》は日本人の可能

性の極限だ」といわずにはいられなかったほど、南方熊楠（１８６７―１９４１）は生物学、博物学、民俗学の偉大な研究者でした。なんと18か国語をあやつり、論文があの有名な学術誌『ネイチャー（Nature）』に何度も掲載されました。でも、学歴がなく学閥に無縁な南方は、日本では実力に見あった待遇を受けることはありませんでした。

その南方は、『十二支考』でトラについて論じています。生物学、とくに粘菌に興味があった南方が、人間と動物とのかかわりに関心を抱くようになったのは、アメリカ留学後に渡った英国でのことでした。彼はロンドンで大英博物館に通い、膨大な資料を収集します。その資料がいかされたのが、『十二支考』（岩波文庫）です。１９１４年から雑誌『太陽』（博文館）で、干支《えと》についての南方の連載がスタートし、１９２３年まで続きました。そのなかの「虎に関する史話と伝説民俗」には、虎とはどういう動物か、「虎と人や他の獣との関係」や「史話」「仏教譚」などが、独特の書きぶりでことこまかに展開され、読むものを圧倒します。そこで示されるトラについての動物学的な知見は、現在のそれとほとんど変わりません。南方が集めたトラをめぐるデータは、世界のトラについてですが、ややインドのトラ（ベンガルトラ）にまつわる話題が多いように思われます。もちろん、中国でのトラ（アムールトラあるいは華南トラ）にかかわる史話などもよく調べていて、「虎が仙人や僧に仕えた話は支那にすこぶる多い」とあります（南方熊楠、岩波文庫・上、22ページ）。先の「二十四孝」にもふれています。

南方は、史話や伝記に載ったトラにかんする話はたいそう多いと記しています。たとえば、トラの恩返し。人に救われたトラが、お礼に恩人に食料を運ぶ話などが残されているという指摘などは、本章の1で触れたナナイなどに残る昔話と共鳴します。

トラと人間との相互援助的なかかわりが示される一方で、トラは人間が勇者になるために殺される存在でもありました。加藤清正などのトラ退治の話が残されています。トラ狩りが勇者の証拠になるほど、トラは飛びぬけて強く、不思議な生き物として怖がられてもいた、ということです。

「虎に関する伝説や譬喩や物語が仏教書には多い」（南方、前掲書、37ページ）、と南方は指摘します。修行者が飢えた虎親子のために身を投げだし、虎の命を救った話などが述べられています。また、虎が神仏のために悪人を罰した例も多い、と南方は書いています（南方、前掲書、71ページ）。

トラは、史話や伝説で、僧や仙人と交信できる存在とされ、仏の説いた教えを実現するという役割をになう場合もありました。ときには、トラの化身がその役割をはたすとされることもあったのです。つまり、トラは「神また使い物として崇拝」されたというわけです（南方、前掲書、75ページ）。トラは神に近い特別な動物、いわば霊獣的な生きものと見なされていたといえましょう。

日本のトラをめぐる民俗

トラの背中に乗る子どもの宗教画があります。そのストーリーは、動物たちが森で子ども（王子）を育てるというものです。仏教の教えを導くために、熊野の地から日本各地に伝えられた「熊野の本地」の一幕です（室町時代末期の物語「熊野の本地」は中世に製作された社寺縁起のひとつ）。

ここに描かれたトラは、産まれたままの姿の子どもを背にのせて走っているかと思えば、トラの毛皮に座る子どもを近くで見守っています。野生動物のトラが、イノシシやゾウなどのさまざまな動物たちと、人間の子どもを育てている。このように、日本にもトラと人間とのかかわりを示す絵巻や写本があるのです。

先の「熊野の本地」の物語設定は、こうです。王から特別に愛された女性がほかの妃たちからねたまれ、山奥で殺されますが、山中で産みおとされた子ども（王子）は生きのび、動物たちによって3歳まで養育されます。動物たちのなかで、「山」とのかかわりで中心的な役割をはたすのは、「とら、おうかみ」「とらおうかみ」、つまり、山の獣を代表する動物です。トラとオオカミは、深山を象徴し、「山の神ともその使者とも見なされてきた」

のです（菱川晶子〔２００９〕『狼の民俗学　人獣交渉史の研究』、13ページ）。

菱川晶子氏の大著『狼の民俗学』（東京大学出版会）によれば、「虎の民俗」あるいは「虎の文化」は上流階級と結びつき、「狼の民俗」は一般民衆と結びついている、とされます（前掲書、４―５ページ）。

山を象徴する、いうなれば山の神が、菱川氏によれば、日本には生息していないトラから、当時は生息していたオオカミへと替わっていきます。山の神とかかわる昔話の主人公の座を、トラはオオカミに譲ることになりました。

とはいえ、日本でトラは宗教的な意味あいをもつ動物として受けいれられてきたわけです。トラは、「山の神」あるいはその使者という立ち位置で、人間の心の奥底とつながりをもってきました。

以上のように、日本においてトラは、強く、美しく、神聖な動物でした。人はトラを、神、仙人、僧と交信する神聖な動物ととらえながらも、なにか親しみを感ずる存在とみなしてきたのです。

参考文献

枝松亜子（２０１３年）「描かれた虎　近世から近代へ」『とら・虎・トラ』西宮市大谷記念美術

館
荻原眞子（１９９６年）『北方諸民族の世界観　アイヌとアムール・サハリン地域の神話・伝承』草風館
奥平卓・和田武司著（１９８９年）『漢語名言集』岩波ジュニア新書
實吉達郎著（１９８８年）『動物故事物語』上下、河出文庫
東大落語会編（２０１２年、改訂９刷）『増補　落語事典』青蛙房
鳥越文蔵編著（１９８９年）『傾城反魂香　嫗山姥　國性爺合戦　平家女護島　信州川中島合戦』白水社
中島敦『李陵・山月記』新潮文庫、２０１１年
菱川晶子（２００９年）『狼の民俗学　人獣交渉史の研究』東京大学出版会
南方熊楠『十二支考』（上）、岩波文庫、１９９４年
宮地伝三郎（１９８６年）『十二支動物誌』ちくま文庫
『故事ことわざ辞典』（１９８６年）小学館

第Ⅲ章　復活なるかアムールトラ

アムールトラは絶滅の崖っぷちに追いつめられてしまいました。そこに現れたのが、1頭でもトラの命を救おうと夢中になる人たちでした。その懸命さがまわりの人たちの気持ちをゆさぶり、アムールトラを助けようという人の輪が生まれ、波紋のように広がっていきました。なんという奇跡でしょうか。

第Ⅲ章では、トラ救命の奇跡の物語を二つ紹介します。

1　ココアとタイガの物語

日本の実話からはじめましょう。釧路市動物園でのことです。釧路市は北海道の南東部にあり、アムールトラの故郷と自然環境がにています。ここには2頭のアムールトラが飼育されていました。リングとチョコです。２００８年、チョコの出産を控え、動物園はお祝いムードでした。チョコが子トラを産む産箱、いわばベットルームもこしらえ、さあ、準備は整いました。

こうして絶滅危惧種の出産を待っていたのです。ところが、事態が暗転します。

① タイガとココアを救え

仮死状態で生まれた子トラたち

チョコ出産の数年後、釧路市動物園のトラ舎です。小ぶりのトラが後脚の障害をものともせずに、運動場の端まではねるように走って、追いすがるような甘えたまなざしを向けました。「行かないで！」といわんばかりの視線の先には、男性がいます。釧路市動物園の元園長山口良雄氏です。彼は、あたたかな明るい声で、「また来るからね、ココア」と笑みを返しました。念願かなって5年ぶりに釧路市動物園を訪問したときのことです。

釧路市動物園と私とのつきあいは、アムールトラの存在によってはじまりました。ココアとタイガと名づけられた2頭の子トラは、2009年当時、日本中で一番有名なアムールトラでした。トラのリサーチをはじめていた私は、矢も楯《たて》もたまらず釧路に向かったのです。2頭は先天性の障害をもって仮死状態でこの世に産みおとされました。2頭の救命に成功した動物園は、トラの命を育む歴史を紡ぎはじめていたのです。

時計の針をまき戻し、ココアとタイガの物語の発端、２００８年５月までさかのぼりましょう。先に述べたように、釧路市動物園の関係者は期待に胸をふくらませていました。アムールトラのリングとチョコとのあいだに子どもが産まれるからです。ほかの動物園から人工保育の経験まで聞いて、とどこおりなく準備を整えました。絶滅危惧種のアムールトラの出産には、日本中から期待が寄せられていました。なぜなら、リングとチョコの遺伝子をもつトラは日本にいないので、新しい血統（血筋）が生まれることになるからです。期待は大きくふくらみました。

さて、チョコは絶世の美トラです。顔立ちがなんとも美しい。チョコ（国際登録番号４８６５番のトラです。この番号については後ほどふれますが、世界中の動物園のアムールトラがすべて国際番号をもっています）は、ロシアのペルミ動物園で２００４年に生まれ、２００５年に釧路に来ました。チョコの両親は動物園生まれですが、父方の祖父母は野生で保護されたトラでした。母方の祖父は動物園生まれですが、祖母は野生のトラでした。チョコの場合、親族の半分以上が野生です。このことがとても重要なのです。

アムールトラは絶滅危惧種ですから、動物園で繁殖させないと、種として絶えてしまうかもしれません。世界中の動物園でアムールトラの子孫が残るように努力していますが、動物園のアムールトラの数は多くないので、血のつながりのあるトラが増えやすいのです。いうなれば、トラの遺伝子に偏りが生じてしまう。血縁関係の濃いトラ同士の結婚から生まれる子トラは、小さかったり、弱かったりするので、血縁関係のないトラがほしいのです。となれば、野生のトラということになりますが、現在ではトラの生け捕りはほとんど行なわれていません。かつてはひどく残虐な方法でトラが捕まえられていたことへの反省でもあります。そこで、両親や祖父母が野生のトラである個体(トラ)がとてもたいせつなのです。

それでは、リングはどうでしょうか。リングは、なんと祖父母がすべて野生なのです。動物園のアムールトラで近親に野生の血が流れる個体はとてもとても珍しい。リング(国際登録番号4777)は、2003年4月にロシアのチェリヤビンスク動物園で生まれ、同年11月にカザフスタンのアルマトゥイ動物園に移動し、ほぼ1年間そこで育ちました。釧路に来たのは、2004年12月のことです。リングは、極東で最強の肉食動物にふさわしい見事なからだつきで、面立ちは精悍《せいかん》そのもの。しぐさは堂々としていて、そのうえ優雅です。

5月24日、母親のチョコは、飼育員が準備した産箱のなかにではなく、外に3頭の子トラを産みおとし、3頭は仮死状態で発見されました。何もできない母親のチョコをともかく子どもたちからひき離し、3頭を保護した飼育員たちは、子トラの蘇生《そせい》(生き返らせる)

に懸命にとりくみました。たらいに適温の湯をはり、子トラたちの体温をあげようと試みる。トラの身体を軽くさすりながら、湯の温度が下がらないようにあたたかな湯をさす。しばらくすると、子トラの顔が動きました。「動いた！」「生きている！」飼育員たちのあいだによろこびの声があがりました。小さな命がつながった瞬間でした。でも、残念ながら、一番体重の小さかった子トラの命はもどらなかった。

「元気出せよ」と声かけしながら、息を吹きかえした2頭をタオルでていねいにぬぐい、ドライヤーで毛をかわかして、人間用の保育器のなかに入れました。こうして小さな細い命に寄りそう日々がはじまったのです。

大場秀幸飼育員をリーダーとする5人編成のトラ班が作られ、2時間ごとにネコ用ミルクを与え、排泄介助（ふつうは親が行なう子育て行動で、子どもの排泄をうながす）や股関節から足先にかけてのマッサージを行ないました（山口良雄〔2013〕「これからの動物園が目指すもの：命の大切さ、学びの場としての釧路市動物園」、児玉敏一・佐々木利廣、東俊之・山口良雄『動物園マネジメント　動物園から見えてくる経営学』、231ページ）。

命を救われたメスの子トラは、ココアと名づけられました。母親がチョコだからです。もう一頭の子トラはオスで、タイガという名前がつけられました。飼育員の大場氏は、アムールトラのふるさと（生息地）を流れるアムール川にちなんで大河、つまりタイガと命

生後まもないココアとタイガ　釧路市動物園提供

名したのです。

タイガとココアは、飼育員たちの熱意に応えるかのように、ミルクを飲んで、すくすくと育ちはじめました。でも、生まれながら手足に異状がみられ、足には麻痺がありました。飼育員は手足の変形を治すために、マッサージしました。前脚のマッサージは気持ちいいようなのですが、後脚をマッサージすると、痛いらしく泣きます。

6月上旬にはココアとタイガの目が開いていました。子トラの前脚に力が少しずつはいるようになりました。後脚を引きずるようにして、歩きはじめたのです。ココアは、障害が軽く、少し脚がもつれますが、後脚も使って活発に動くようになりました。

タイガの後脚はまだ左右が交差していまし

た。それでも、後脚を引きずって歩き、勢いあまってこける。かならず歩けるようになるとかたく信じて、飼育員の大場氏は2頭の歩行練習を懸命に支えました。

ココアとタイガは、北海道の酪農学園大学の協力で、X線検査とCT検査を受けました。検査結果は、2頭とも軟骨形成不全症（骨の成長障害）でした。左脚に変形が見られ、骨の成長不全が認められたのです。タイガは、胸椎と腰椎に変形が見られ、脊椎も変形していて神経が圧迫される可能性がある、と診断されました。

1日2回の離乳食に牛肉と雛肉が加えられ、順調に2頭の体重は増えていきます。生後120日を過ぎると、タイガとココアは、戸外の特設運動場で来園者に公開されるまでになりました。2頭を応援してきた市民たちにとって、じゃれあうすがたが見られるなんて、最高です。2頭は元気に走りまわり、足がもつれてこける。立ちあがって、また走り、勢いあまってヨタヨタッとしてころげる。見学者からは、ココアとタイガの一挙一動に思わず笑みがこぼれます。市民たちの願いはただひとつ、「がんばれ、タイガ、ココア！」でした。

ココアが、つづいてタイガが、フェンスに手をかけて、障害のある後足だけで立てるまでなりました。これは快挙です。大場氏たちの献身的なケアが、実を結んだのです。2頭の成長ぶりは、飼育員と動物とのあいだに築かれた信頼関係のたまものでした。

釧路市民を結びつけたタイガとココア

重い障害をもったタイガとココアを育て、展示公開を目指すという決断はなかなかできるものではありません。これほどまでに重い障害をもった動物に医療ケアをほどこし、一般公開までこぎつけた例はほとんどないのではないでしょうか。でも、命のかがやきを実感した当時の園長山口氏は飼育員の大場氏とともに悩みぬいた結果、運動場での公開を決断しました。

命が救われたココアとタイガは「恩返し」をしました。恩返しってなに？　そう、それは、釧路市民のあいだに動物の命をたいせつにする絆を生みだしたことです。

釧路市民の多くがいろいろな方法で、2頭の飼育を支援しました。飼育員の大場氏は、街中で「トラ、元気？」と声をかけられた、といいます。それほどまでに、トラも動物園と飼育員も、ともども市民に注目されていたのです。障害をもった子トラの元気な成長は、市民の共有する願いになっていました。

2008年7月の一般公開を契機に、タイガとココアを支援する市民運動がおこり、NPO法人「釧路市動物園協会」が先頭に立ち、募金活動や写真展にとりくみました。いろいろな業種の市民たちがボランティア活動によって動物園の運営を支えはじめたのです（山口良雄、前掲書、232―233ページ）。たとえば、塗装業や水道設備などの人びとが動物園の設備改修に協力しました。釧路市動物園協会は、障害者を雇用している企業組合に、オリジナル商品の製造を依頼しました。ココアとタイガの関連グッズはいまでも販売されています。企業利益の一部を募金にまわす会社もあらわれました。トラの命と成長への多くの人びとの願いが、動物園を支えるしくみをつくりだしたのです。適切な医療ケアは、動物園と酪農学園大学との連携から生みだされました。

タイガとココアは動物園と市民とをつなぎ、人と人をむすびつけ、その結果、動物の命をつなぐネットワークがつくりだされました。マスコミの報道も、支援の輪を全国に広めるのを大いに手助けしました。

お茶目なココアとおっとりタイガ

野生のトラなら、2〜3歳まで母親と暮らし、餌をとる方法（狩猟方法）を学びます。動物園のトラも、子育て期間は母親と子どもが一緒に暮らします。タイガとココアは、甘える母親がいないうえに、四肢（手足）に困難をかかえています。2頭はたがいに支えあうようにして生きていました。遊ぶときも、安心するときも、いつも一緒のココアとタイガだったのです。そのすがたがなんともほほえましかった。

2頭は、性格のまったく異なる相棒でした。タイガとココアが新居に引っ越ししたときのことです。新動物舎には、屋外運動場（放飼場）と屋内運動場、寝室がありました。引っ越し後は、寝室が別々になり、いわば自立への第一歩が踏みだされることになります。屋外の運動場は、母親のチョコや父親のリングの運動場の2倍の広さです。動きまわることで骨の成長をうながそうというのが、動物園側のねらいでした。

新しい立派な住居は2頭にとっては未知の場所で、引っ越し当初の2頭は、よろこぶどころか、不安で仕方がない。それでも、タイガは、大場氏が思わず「図太いね！」ともらしたように、あまりおびえず、すみやかに平静をとりもどしました。ところが、ココアはなかなか寝室から屋内運動場に出てこない。タイガがようすを見にいく。誘っているかのようです。ココアは神経質で、新居をしきりと警戒しています。やがて、タイガが大場氏に気づき、ガラス越しにスリスリしはじめました。ココアもようやく落ちついてきて、けっきょく、2頭は身を寄せあい、体温を伝えあい、やっと安心したようでした。2頭の性格のちがいがはっきりわかるほほえましい引っ越し劇でした。

運動場ではお茶目なココアが、タイガに遊びをしかけます。それに応じてタイガも走りだす。ココアの走りは最初の1、2歩は不自然なのですが、走りはじめるとアムールトラに特有の軽快で飛ぶような走りになります。タイガは後ろの左脚が短く、ぎごちない走りですが、それでも勢いがつくとトラらしいダイナミックな動きをみせます。

新動物舎が2009年4月5日にオープンし、来園者は、いつでもココアとタイガに会えるようになりました。4月末、生後339日目、タイガの体重は46キロになり、ココアは、40・6キロにまで成長しました。うれしいことに、骨の成長も確認されました。注意深い医療ケアを受け、広い放飼場でとことん遊んだ成果でしょう。

その4か月後に悲劇が起ころうとは、誰も想像していませんでした。

「ありがとう　タイガ」

釧路市動物園には、ココアとタイガに会いに来るリピーターが多かったようです。「ココア、元気か」とか、「タイガ!」とか、よく声がかかりました。見学の子どもはもちろん、おとなも2頭との再会をよろこびます。動物を見に来るのではなく、タイガとココアに会いに来る。だから、別れるときは、自然に「またね」となります。

タイガとココアは、じゃれあったり、ときには激しくいたずらをしたり、小さなプールで水遊びしたりと、来園者に元気なすがたを見せていました。運動場にそなえた遊具がこわれるほど、元気いっぱいだったのです。

しかし、予想もしないことが起こりました。タイガが餌の肉片で喉を詰まらせてしまったのです。異変に気づいた飼育員の大場氏は、タイガが食事していた寝室に、無謀にも飛

ココアとタイガ　撮影＝大北寛

びこんで、喉を詰まらせた人間にするのと同じように、背中をたたきました。しかし、タイガには詰まった肉を吐きだすだけの力がもはやなかった。獣医もかけつけましたが、なすすべもなく、細い命が途切れました。

　大場氏は無我夢中で、気づいたらタイガの蘇生を試みていました。誕生時に、一度はタイガの命をつないだものの、2度目はそうはいかなかった。大場氏の落ちこみようはそれこそ半端ではありませんでした。

　1歳の誕生日を迎え、堂々とした凛々《りり》しい男ぶりを発揮していたタイガ。ひとみに愛嬌があり、思わず「タイガ」と声をかけたくなってしまう。そのタイガは、458日間をはつらつと駆けぬけ、あっけなく1頭であの世に旅立ちました。2009年8月25日のことです。64キロまで成長していたというのに。

その悲報を聞いたとき、私の心にぽっかりと大きい穴があきました。索漠とした気持ちがおさまりません。きっと釧路市民はもとより、支援をつづけた全国のファン＝タイガの友人たちも、同様であったことと思います。心の穴はなかなか埋まりませんでした。

タイガとココアは生きることのすばらしさを、身をもって示してきました。大場氏はいいます。タイガとココアの生きようとする姿に「いのちのもつ底力」を感じた、と。

ありのままでいい、それが生を享受することです。２００９年5月20日の『北海道新聞』には次のような記事が載りました。「タイガとココアは、自分たちがほかのトラと違う境遇だなんて思っていないはず」。わが子も同じ。「自分がほかの人たちと違うという意識はない。だから、ありのままの自分を受け入れ、生きようとする」わが子を、「私もしっかり受け止めたい」。脳性まひで肢体不自由なわが子と一緒に釧路市動物園を訪問した母親の感想です。

命のたいせつさと尊さを発信しつづけた2頭によって、多くの人びとが励まされました。だから、タイガへの弔辞は、「ありがとう」なのです。そうした手紙やことばが、引きもきらずタイガに捧げられました。

タイガは、大きな遺産をのこしました。それは、まず、釧路市民に動物への愛を育み、動物をたいせつにする気持ちをひろげたことです。それだけではありません。動物への愛を形にすること、声をあげ活動することを、市民たちはタイガとココアとのつきあいから学びました。

このことが、釧路市動物園にキリンを迎えるための「チャイルズエンジェル」の運動に引きつがれているように思われます。後に「チャイルズエンジェル」の活躍ぶりを少しくわしく紹介します。

② 釧路市動物園とはどういうところ？

「いのちとふれあい、いのちをつむぐ」

タイガとココアの釧路市動物園とはどういうところでしょうか。どんな特徴があるのでしょうか。２０１１年３月の釧路市動物園基本計画には、「いのちとふれあい、いのちをつむぐ」とあります。この表現がそっくりそのまま具体化された動物園、それが釧路市動物園です。タイガとココアの存在が、そのことを実証しています。

さらにいえば、絶滅の危機にあったタンチョウヅルの復活に大きく貢献したのも、この動物園です。ケガをしたタンチョウヅルを保護し、飼育するなど、野生動物の保全に力をつくしてきました。タンチョウヅルの生息数は、1952年にはたったの33羽でしたが、2015年、1550羽にまで増えたそうです。動物園にはタンチョウの保護増殖センターがあります。

「当園の広いバックヤードは、傷ついた野生動物の保護と治療、繁殖のためにつかわれています」。山口園長と一緒にバックヤードにはいったときのことです。オオワシの繁殖用の大きなケージから、黄色いくちばしのオオワシが私に向かってかん高い警戒の叫びをあげました。バックヤードは一般公開されていません。動物園関係者しか出入りしない。そこによそ者の私がはいっていった。そこで、オオワシは叫んだのです。その独特のかん高い鳴き声が、澄んだ空気の森に響きわたりました。

まじかに見ると、オオワシは大きい。じつに。オスの全長は89センチ。いささか甲高い声を発するオオワシにすぐ近くでじっと見すえられると、鳥好きでもブルッとします。

動物園側は、野生動物を保護し治療するバックヤードには、人間があまり立ちいらないようにしています。飼育員も例外ではなく、できるだけ短い時間で給餌や治療をほどこします。これは、動物の健康回復後の野生復帰を考えてのことです。野生動物が健康になって、森に戻されても、治療中に人間になれてしまっていると、人を警戒しなくなり、結果、殺されてしまうこともあるからです。こうしたリスクは避けたい。そこで、バックヤードでは動物が人になれないように注意が払われています。

当園は絶滅危惧種のシマフクロウ飼育でも有名です。繁殖にも成功しています。シマフクロウは、全長が71センチ前後、翼を広げると約175センチと、もっとも大型のフクロウです。アイヌ語ではコタン・コロ・カムイ（村を領有する神）といいます。グレーがかった茶褐色で複雑なもようが特徴的な大きいシマフクロウは、いかにも堂々としていて、この呼び名にふさわしい品格を漂わせています。その哲学的な面立ちと身のこなしは、圧倒的な存在感を放ちます。

ココアと元園長・山口良雄氏
釧路市動物園提供

この動物園は、釧路湿原に接し、自然環境に恵まれています。園内に設置された北海道ゾーンでは生物の多様性を観察でき、スタッフのガイドで湿原の生きものたちを学ぶことができます。湿地にかかる木道を歩けば、四季の自然を肌で感じ、さわやかな風も心地よく、自然の一員としてのおおらかですがすがしい気分になります。

猛禽舎のオオワシの頭上はるかを、野生のオオワシが２４０センチにもなる翼を広げて上昇気流に身を任せています。自然界との一体感、それが釧路市動物園のかけがえのない財産です。

世界でもきわめて珍しいクマタカの人工孵化に成功したのも、当動物園です。クマタカのロマンは、鷹匠《たかじょう》のわざを習得した飼育員と組んでフライトを披露していました。体長が約70から80センチ、翼を広げれば１４０から１７０センチのクマタカのフライトは、勇壮そのもの。ロマンの後を継いだレン（錬）が、冬季（11月から3月）のフライトガイドを行なっている、と聞きました。クマタカの凛々《りり》しく端正なフライトを来園者にみてもらえば、森の保全の重要性を考える機会にもなるでしょう。

コミミズクのコミタンも、春になると、3月から5月の土日にコミタンのフライトを披露するそうです。フライトに備え、コミタンは身体をしぼります。スポーツ選手が大会に向けて、体重をコントロールしトレーニングするのと同じです。そのコミタンに会いました。たまらない愛くるしさです。全長38センチのコミタンが見学者のまじかをフライトすれば、動物好きが増えるのはうけあいです。

いずれのフライトも釧路市動物園ならではの魅力的なパフォーマンスです。

当園の人気者をもう一人（？）紹介しましょう。シロクマです。正門から入園すると、トラ舎に行く前にシロクマの展示場があります。シロクマのミルクは、一人（？）遊びの達人で、遊具のボールをバスケットボールの選手のようなさばきで壁にあてて大きな音をたてたり、1メートルほどの太い筒を巧みに操作して池から岸に投げあげたりと、見学者をあきさせません。

釧路市教育委員会に所属する釧路市動物園は、動物たちの飼育展示を通じてみごとな「いのちの教育」を行なってきました。458日を生きぬいたタイガ、そして存命のココア。2頭は、生きる意欲と「いのちのもつ底力」をともども表現し、ココアは今も1頭で「いのちの輝き」を発信しています。

懸命に生きようとする2頭の生命力に心を打たれ、「いのちの輝き」を応援しようと必死になった飼育員たち。園長を筆頭に動物園が一丸となった献身的なとりくみに感動し、トラと動物園の両者を応援せずにはいられなくなった市民たち。

人びとは、「いのちの輝き」に感動し、飼育員や園長の必死さに心をゆさぶられ、「いのちの大切さ」を学びました。このように感動したからこそ、人は「いのち」を支えるさまざまな活動に進んでとりくんだのでしょう。これが、釧路市での、タイガとココアに端を発した「いのちの教育」です。

動物のための市民運動の継承

キリン、ゾウ、ライオンは、動物園の人気ものです。一時期、釧路市動物園には、ゾウもキリンもいませんでした。私の２００９年の訪問時にはキリンはいましたが、ゾウはすでにいませんでした。アフリカゾウのナナは、35歳で２００８年11月に亡くなったそうです。２００９年10月にキリンのキリコもいなくなると、園内の同じブロックにあった二つの放飼場は主を欠いて、すっかり淋しくなりました。

動物園といえば、ゾウとキリンなのでしょうか。孫から「どうして釧路市動物園にキリンがいないの?」と聞かれた女性が、友人たちとその話をしたことがきっかけになって、キリンを購入しようと、４人の女性が立ちあがりました。

彼女たちは動物園を訪問し、子どもたちにキリンをプレゼントしたいが、どうすれば購入できるか、と園長にたずねたのです。園長は、彼女たちの熱心さには心打たれながらも、さぞかし驚いたことでしょう。園長は、ワシントン条約などを説明し、野生動物の絶滅を防ぐために国際取引が制限されていることや、動物の健康問題など、動物を購入するには検討しなくてはならないむずかしい問題がいくつもあることを話しました。

園長の話を聞いて、はじめて4人は、動物購入がいかに困難かを知ることになります。お金があれば買えるというものではないのです。それでも彼女たちは、子どもたちをキリンに会わせたいという願いを断ちきれず、やはりキリンを買おうと、資金集めを決意したのでした。

こうして、釧路市動物園にキリンをプレゼントするための募金活動を行なう市民団体「チャイルズエンジェル」が20名の仲間で結成されました。全員が女性でした。女性たちは猛烈な行動力を発揮しました。募金箱をつくって、置いてもらえる場所を開拓する、バザーを行なう、イベントがあれば、かならず会場に駆けつけて寄付を呼びかけるなど、勇気を奮いおこしてありとあらゆることにとりくんだのです。彼女たちの熱心な働きかけに心を動かし、市内の学校や幼稚園などの就学前施設さらには企業も協力しました。

元園長の山口氏が退職後、このグループに加わってくれました。「チャイルズエンジェル」のメンバーたちは、専門家を迎え、大いに勇気づけられたことでしょう。こうした奮闘もようは、『ぼくらの街にキリンがやってくる』（志茂田景樹、ポプラ社、２０１３年）にくわしく書かれていますので、ここでは割愛します。

一言だけそえれば、右記の志茂田氏の本を読むと、運動に参加した女性たち一人ひとりが活動の過程でこれまでの自分をのりこえ、成長する姿が、手にとるようにわかります。

さて、こうした市民団体のがんばりが実を結び、キリンが釧路市動物園にやってきました。2015年、キリンの放飼場には、スカイ（オス）とコハネ（メス）の2頭が飼育されていました。国内の動物園が、チャイルズエンジェルの熱意に打たれ、協力したのです。キリンをよく観察できるようにと観察用のコテージもつくられました。高床になっていて、見学者がキリンと向きあえるように工夫されています。コテージ内の壁には、1年間で5400万円を集めたヒロインたち（チャイルズエンジェル）の写真が貼られています。残金は「チャイルズエンジェルアニマル基金」として動物園に寄付され、団体は使命を終えました。

子どもの目のかがやき、心に残る感動は、お金では買えない。だけれど、かがやきを生みだす準備にはお金がかかることもある。野生動物への愛を育み、人間と野生動物とが共生する明日をつくるための尊い資金です。

ココアとの5年ぶりの再会

雨の動物園も悪くはありません。2015年の春、朝からポツリポツリと降っていた雨が、昼ごろには本ぶりになり、ついにどしゃぶりになりました。釧路市動物園に見学者は少なく、声に出して動物の名前を呼んでも、はた目を気にする必要もありません。早い話、動物園のひとりじめ状態でした。久しぶりにアムールトラのココアに会える。恥ずかしながら、前日からいささか興奮気味でした。やっとはたす再会に、雨は少しもじゃまになりません。

お茶目なココアに会ってから5年が経っています。予想どおり、やんちゃ娘もだいぶレディらしくなっていました。でも、茶目っけぶりは健在で、私が声をかけ、そっぽを向き、それからちょっとまをおいてふり返ると、すぐ後ろに大きなココアの顔がある。生まれながらの軟骨形成不全症は完治しませんが、悪くはなっていないように見え、ほっとしました。あいかわらず左の後脚を引きずりますが、ダイナミックに走ることもできます。トラ担当飼育員の山口氏は、新しい遊具を差しいれると、ココアは大喜びで、猛烈に走りもするので、ひやひやさせられる、といっていました。ココアの関節には、激しい動きはよくないからです。

ココアは、ときおり、椅子に座るように丸太に腰かけています。これがお気にいりのポーズ。ふつうのトラがとるポーズではありませんが、おそらく後脚が短いので、楽なのかもしれません。これが飼育員サイドの見立てです。そう、たしかに後脚がちょっと短い。

ココアはおとなになったというのに、いささか小ぶりです。先隣りの放飼場にいる母親のチョコと比べると、小さい。飼育員の山口氏に聞けば、ココアの体重は70キロだそうです。

タイガとココアへの来園者からの応援メッセージ　撮影＝曽根直子

メスのおとなならふつう100キロは超えるので、彼女は小型です。4歳で70キロになって、そこで発達がとまったとのこと。でも、大きくならないほうがいい、とタイガとココアを救った飼育員の大場氏はいいます。ココアの体重が増えると、障害のある脚に負担がかかるので、むしろ心配だ、というのです。放飼場の面積は、タイガの分も使っているので母親のチョコたちよりもずっと広い。広い空間を自由に歩くことが、足のリハビリにもなっているのではないでしょうか。タイガと別れ、一人歩きを始めたココアが、いっぱしのおとなになっていたことが、たまらなくうれしかった。

　とはいえ、2009年、タイガと別れてからしばらくは、ココアは落ちこみ、タイガを探していたそうです。大場氏から聞きました。寝室から運動場に出てくる出口で、ココアはタイガを待っていたそうです。出てくるはずのないきょうだいを、彼女は何日かのあいだ、待っていました。

かつては思いっきり2頭でじゃれあいました。静かになったかと思えば、いつのまにか、一方のそばに他方が寄ってきていっしょにくつろいでいる。別々の行動をとっていても、ゆっくりするときはいつもいっしょ。心許すきょうだいが身を寄せあって、安心して過ごしていました。母親から離れ、同じ障害をもった2頭が励ましあうかのようによりそって生きてきたのです。そうした生活が、タイガが急死する直前までつづきました。鷹揚《おうよう》で決断力のあるタイガとお茶目で用心深いココアは、最高の組みあわせでした。

先に述べたように、タイガの死は突然やってきました。タイガは食事中に肉でのどを詰まらせ、窒息死したのです。タイガを解剖してわかったことですが、正直、よくここまで生きていてくれたという身体の状態になっていたそうです。とくに、脊椎の状態は、遅かれ早かれタイガを激痛で苦しめるであろうところまで悪化していました。タイガはそうした痛みに苦しむこともなく、死の直前までふつうどおりの生活をして、瞬間的な苦痛のなかで世を去りました。せめてものこと、と思うしかないのでしょう。短く限られた時間を、タイガは全力で生きぬいた。その見事さに合掌《がっしょう》です。

訪問時、死後5年も経っていたのですが、タイガの寝室には彼の大きな写真とたくさんの花が飾られていました。聞けば、いまだに花や香典がおくられてくるそうです。トラ舎の寝室側の通路には、ココアとタイガの両親、リングとチョコの家系図が貼られています。アムールトラが絶滅危惧種であることや、なぜそうなったかについての環境問題の説明まで、わかりやすく記されたパネルもかけられています。

目を引くのは、タイガに捧げる「タイガ追悼文綴」の厚いバインダーです。なんと、3冊もあります。タイガとココアの生育過程を示す大きなアルバムは、文章が点字に訳されているばかりか、2頭の足跡も点字でも示されていました。タイガとココアにゆかりの品々や、ココアとタイガへのメッセージなどがたくさん展示されています。

それを見るにつけ、タイガが釧路市動物園に存在したことの意味の大きさを感ぜずにはいられません。タイガに対して、一様に捧げられる言葉は、「ありがとう」です。病に向きあって生きるタイガとココアは、多くの人びとに生きる勇気を与えてきました。そして、今もココアは1頭で、見学者に生きることの輝きを伝えています。見学者がココアに会いに来ます。

「足は治ったかい?」「かわいそうに」「ところで、ココアだったかな」

リピーターも少なくありません。もちろん、アムールトラそのものを見にくる人もいますが、ココアに会いにくる人が圧倒的に多いようです。

さて、ココアにも心配がないわけではありません。太らせずに、でも筋肉をある程度つけ、脚の骨にかかる負担を軽減する。この加減がむずかしい。1年に1回、ココアは麻酔をかけての全身の身体検査を受けていますが、肝臓の機能がよくないという数値が出たので、訪問時、薬を飲んでいました。トラは、比較的に腎臓と肝臓が強くない、といわれています。つまり、心配はつきない、ということです。

さて、ホテルに戻ると、さっきまでのどしゃぶりの雨はうそのようにあがって、太陽が雲間からすっきりと顔を出しました。あまりに鮮やかな日の光が、釧路港の水面に映えます。防波堤の向こう側の太平洋につづく波間を照らす強い陽が、澄んだ強烈な明るさを反射させています。ココアの明日が、このような明るさにずっと包まれることを願うばかりです。

ほっとする情報が届きました。ココアが肝臓の再検査を受け、数値の改善が確認されたとのことです。同年（2015年）5月には、ココア7歳の誕生日パーティが催され、元園長の山口氏、元担当飼育員の大場氏、そして飼育担当者の山口氏が顔をそろえました。ココア人気は健在で、200人から300人のファンがかけつけ、ココアが無事に7歳を迎えたことを心からよろこんだ、といいます。

現在、トラ舎には、美貌のおとろえないチョコ、けなげなココア、そこに2016年10月からオスのアサマが加わりました。アサマは、長野県の茶臼山動物園の生まれで、父親はリングです。私は、茶臼山でアサマに会っているので、釧路での再会を楽しみにしています。

2　ジョーリックを救え

次は、アムールトラの生息地ロシアで実際にあったトラの救命ドラマです。

①　子トラのジョーリックの災難

重傷を負った子トラ

子トラのジョーリックは、腹ペコでした。だから、餌として与えられた生きた鶏に飛びつき、むしゃぶりついたのです。「痛っ」。そのときジョーリックの上あごに鋭い痛みが走りました。食事を終えても、上あごに刺さった鶏の羽の一部がどうしても抜けません。ジョーリックはしきりに何とかしようともがくのですが、どうにもなりません。生後4か月のジョーリックの顔はしだいにはれあがり、菌が繁殖し、化膿していきました。2009年、エカチェリンブルグ（ロシア連邦ウラル地方の州都）の移動動物園（所有する動物をトラックなどで輸送し、広場や校庭などに柵をつくって展示します）でのことです。

私がこのジョーリックのことを知ったのは、2011年11月にハバロフスクの中学校第3ギムナジアを訪問したときでした（ロシアでは学校名はふつう数字で表されます。ギムナジアとは一般的に教育の質が高い学校の名称でしたが、ごく最近はそうしたステータスの意味はないそうです）。当校は、環境教育に熱心なことでよく知られていました。このギムナジアの生徒たちが、ジョーリックという重傷を負ったトラを救うためのキャンペーン活動を行ない、ジョーリックの救命に一役買ったことを知ったのです。

ジョーリックの写真を見ましたが、これはひどい、思わず目をそむけました。顔の向かって右の口の付近に大きな傷があり、赤い肉が見えています。顔の6分の1が壊れている、といった感じです。おそらくひどく痛いはずです。食事もしにくいでしょう。

さっそく救命活動に参加した生徒たちから話を聞くことにしました。生徒たちの活動報告によれば、子トラのジョーリック救命キャンペーンにとりくみ、子トラを救うために寄付を広く呼びかけたといいます。すると、市民の反応は驚くほどよく、生活に余裕のない

傷口も小さくなってきた最近のジョーリック

年金生活者までも寄付してくれたそうです。こうして集まった寄付金で、ジョーリックの治療が行なわれました。

「市民の力で1頭のトラの命を救ったの」とギムナジアの女性校長は誇らしげに胸をはりました。生徒たちの活躍ぶりについては、次章で具体的にくわしく紹介します。

おりしも、ジョーリックが治療を受けているウチョース・リハビリ・センターの関係者が、生徒たちにお礼をいうために学校を訪問していました。

彼は、お礼を述べた後で、次のように報告しました。

「ジョーリックは、おかげさまでずいぶんと回復しました。でも、さらに、大きな手術が必要なのです。しかも、なんとしても来年の初夏を迎える前に、顔の約8分の1を占める大きな赤剝《むく》れをできるだけ皮膚でおおい、体毛でふさぎたい」。

夏までに傷がいえ、そこから毛がはえるようにしたいと強調するのには、わけがあります。極東の夏には、大量の蚊とブユがいっせいに発生するからです。その量はいい表しがたいほど猛烈です。赤むくれの箇所は、蚊やブユによる猛攻のかっこうのえじきになってしまうので、なんとしても治療を急ぎたいのです。

獣医師ダラキャン氏との出会い

ここで、話を2009年のエカチェリンブルグに戻しましょう。口腔内に鶏の羽が刺さり、周囲の化膿が悪化して、ジョーリックの鼻からは膿《うみ》が出はじめました。エカチェリンブルグの獣医は、子トラの歯を抜いて、抗生物質を投与しましたが、ジョーリックの様態は悪化の一途をたどりました。10月のエカチェリンブルグは寒く、その寒さのなかで子トラの顔ははれあがり、42度の高熱がでていました。

傷の悪化が止まらず、どうにもならなくなったジョーリックは車に乗せられ、南に400キロの道のりをチェリャビンスク市（同じくウラル地方の州都）に運ばれました。こうして子トラはダラキャン獣医のもとにやってきたのです。

ダラキャン氏から聞きました。当時のジョーリックは、「痩せていて、骨と皮だけだった」そうです。顔ははれあがり、腐って、すでに死臭がただよっていた、といいます。治る見こみがほとんどないジョーリックをこれ以上苦しませないために、薬で殺すという決断がなされても仕方がない状態だったのです。

でも、ダラキャン獣医はなんとしても助けようと、治療に熱中しました。獣医は決してあきらめなかった。生死の境をさまようジョーリックのかたわらで2日間を過ごし、かたときも注意をおこたらなかったのです。

無我夢中の治療がつづきました。そのかいあって、10日もすると、ようやく助かりそうな気配が見えはじめたのです。なんとジョーリックは生きかえったのです。こうして子トラは、奇跡的にも回復軌道にのりました。12月のはじめには、肉も食べられるようになったのです。

回復しはじめたとはいえ、ジョーリックを移動動物園にもどしていいものかどうか、獣医は悩みました。まず、かつてのジョーリックの扱われ方からみても、治療がつづけられるとは思えません。たとえジョーリックが無事におとなになったとしても、毛皮用にでも売りとばされかねません。後にジョーリックのママと呼ばれるようになる女性ジャーナリストの協力もあり、ダラキャン獣医の基金「私を助けて」が、移動動物園のオーナーからジョーリックを買いとることになりました。オーナーは大喜びで、子トラを手放しました。

ダラキャン医師は、ロシア国内さらには国外の専門家にたずね、どうすればジョーリックがいっそう回復するかを懸命に研究しました。当然、治療には費用がかかります。おり悪しく２００９年という国際的な経済危機のさなかで、寄付を募るのはむずかしい状況でしたが、それでもありがたいことに、チェリャビンスクの市民たちは子トラの救命に関心をもち、餌代や手術費用を集めてくれました。

ジョーリックは元気をとりもどしはじめてはいたのですが、獣医の病院内では手狭です。そこで、ジョーリックは、郊外にある獣医の友人宅の中庭にこしらえた小屋で隠れるように暮らすしかありませんでした。小屋にはなかが見えないようにカバーがかけられていました。

このまま飼育と治療をつづけると、法に触れますし、だいいち、ジョーリックがかわいそうです。まだ回復途上で、加療が必要でした。どうしたらいいのでしょうか。どうすることが、ジョーリックにとってベストなのか。考えに考えぬいた結果、獣医が下した決断は？

ダラキャン氏は、治療が継続できる引きとり先を探すことにしました。別れるのは悲しいけれど。治療の続行を考えれば、野生動物リハビリ・センターしかないでしょう。この引きとり先を探すのが、恐ろしくむずかしかったのです。

望ましい引きとり先は、なかなか見つかりませんでした。でも、ダラキャン氏はあきらめなかった。推薦があって、ハバロフスク市近郊にあるウチョース・リハビリ・センターの存在を知りました。ジョーリックを引きとってくれるかどうか相談したところ、ウチョースの代表者クルグローフ氏が引きとりに賛成してくれたのです。

でも、一難去ってまた一難。極東のハバロフスクはチェリャビンスクからあまりにも遠く離れています。動物の移送はむずかしく、費用がかかります。せっかく引きとり先が見つかったというのに、どうすればいいのでしょうか。ダラキャン氏は頭を抱えました。

唯一、ウラジオストーク航空が移送に協力するといってくれましたが、その費用は、驚きの30万ルーブリ。ダラキャン氏は、今度は、輸送費の調達に奔走しました。チェリャビンスクの州政府とビジネスマンが協力し、2万8000ルーブリまで集まりました。本格的な冬になるまえになんとしてもジョーリックを運びたい。しかし、ハバロフスクへの飛行機の便は週1便しかありません。ダラキャン医師は焦りました。そこで、「えいやっ」とばかり、銀行から金を借り、チケットを予約してしまいました。

ある夜のこと、ダラキャン氏のもとにモスクワから電話がかかってきました。なんとプーチン首相（当時）の補佐官からでした。プーチン氏はジョーリックのニュースを聞いて、事態を確認したかったとのことです。電話の結果、プーチン氏がジョーリックの輸送費用をポケットマネーで用立てることになりました。こうして費用の問題は即刻解決されたのです。

ジョーリックは、２０１０年にサンクトペテルブルグで開催されたトラ・サミットでのシンボル的存在となりました。ロシアがアムールトラをどんなに大切にしているかを、これ以上に雄弁に語る生きた証はないからです。

ちなみに、２０１２年にチェリャビンスクで開かれた世界柔道選手権でのマスコット・キャラクターはトラでした。紺色の柔道着を着こみ、黒帯をきりりと締めたトラは凛々《りり》しく、面立ちはチャーミングです。大会のマスコット子トラのジョーリックがデザインされた郵便はがきや封筒も売りだされました。さしずめチェリャビンスク市民へのジョーリックの恩返しといったところでしょうか。

② ウチョース・リハビリ・センター

ウチョース・リハビリ・センターでのジョーリック

ジョーリックがウチョース・リハビリ・センターに運ばれてきました。このリハビリ・

センターは、ハバロフスク市から車で2時間のクトゥーゾフカ村にあり、ハバロフスク州の自然利用規制区（利用が制限される自然保護区）のなかに位置しています。

さっそく、医療チームによって、ジョーリックの治療が再開されました。まず手術のために、ハバロフスクの獣医が檻の外から麻酔注射を打ちました。ところが、ジョーリックは注射器を払い落としてしまい、薬はほとんど注入されませんでした。すると、あろうことか、ダラキャン獣医がとっさに檻のなかに飛びこんだのです。「あぶない」「止めろ」、思わず周囲が叫びましたが、まにあいませんでした。檻のなかにはいってきたダラキャン氏に対して、ジョーリックはさっと防御の姿勢をとる。緊張が走りました。そのとき驚いたことに、ダラキャン氏は腕をジョーリックの前に伸ばしたのです。自分の臭いを嗅がせようというのです。ジョーリックは臭いでダラキャン獣医を確認したようでした。緊張がゆるんだすきに、すかさず獣医はジョーリックに麻酔注射を打ちました。

その手術は成功しましたが、傷が大きいので何度も手術が必要でした。手術につぐ手術。2012年4月の手術が19回目でした。全身麻酔は、動物の身体にとってとても大きな負担になります。それに耐えたジョーリックの顔の赤剝《む》れは、皮膚移植などによってしだいに縮小していきました。

2013年秋、真正面からジョーリックを見ても、傷はそんなに気になりません。向かって左半分の顔は、凛々《りり》しく鷹揚なトラの顔です。真正面から見ても立派なオスの大きな顔です。顔のしまもようもなかなかユニークで美しい。しかし、向かって右半分の顔は、口から目の下にかけて肉がないので、顔の右半分の約5分の1はそげています。やや口が裂けたように見え、鼻にかけてまだ赤剝《む》けが残っていました。蚊が多い季節には毎日、センターの獣医が注意深く化膿止めのスプレーをかけています。

ジョーリックは左の牙がありません。だから、硬い肉は食べられないのです。餌として豚肉などのやわらかい肉が与えられていました。トラの給餌では、骨も与えなくてはならないのですが、ジョーリックには硬い骨はやはりだめで、若い豚の骨がいい、とのことでした。

ダラキャン獣医とはどんな人？

トラの命を助けるために、労苦をおしまないダラキャン獣医とは、どんな人物なのでしょうか。会ってお話を聞くことにしました。お会いする場所といえば、ジョーリックのいるウチョース・リハビリ・センターしか考えられません。そこで、ダラキャン氏にハバロフスク市に来ていただくことになりました。

まずはカレン・ダラキャン氏の簡単なプロフィール。ダラキャン獣医は、１９７０年生まれで、働き盛りの、見たところ屈強そうな医師です。上背こそ高くはありませんが、野生動物も組みふせそうながっしりとした体形です。話しぶりは柔和そのものですが、言葉の端々から意志の強さが感じられます。

ダラキャン氏はもともと野生動物や猛獣の医療にたずさわる獣医ではなかったそうです。ネコを中心にペットを診察してきたとのこと。診療した大きい動物といえば、せいぜい家畜ていどでした。ところが、ジョーリックとの出会いによって、ダラキャン氏自身が変わったそうです。

氏の今の夢は、野生動物の保養施設づくりです。動物法の基準外として飼育が認められない動物は殺処分されかねませんが、ダラキャン氏はそうした動物たちをなんとしても救いたいのです。

なお、プーチン氏は、輸送費ばかりでなく、ジョーリックの餌代のためにも、ウチョース・リハビリ・センターにポケットマネーを送金したとのことでした。

ダラキャン氏と一緒にジョーリックと会う

かつてダラキャン氏が久しぶりにジョーリックに会ったときのことです。ジョーリックはダラキャン獣医をオス特有の雄叫びで歓迎し、それから氏の手にキスするかのように金

瀕死の子トラ・ジョーリックを救った獣医師ダラキャン氏
撮影＝曽根直子

網越しに口を寄せた、といいます。ジョーリックは、命の恩人を忘れてはいなかったのです。

２０１３年の秋にダラキャン氏と一緒にウチョースを訪れました。今回は、ジョーリックはどのように氏に反応するのでしょうか。興味がわきます。

ウスリー・タイガの一角の深い森のなかの広い放飼場にダラキャン氏が近づくと、ジョーリックはすぐに気づき、囲いのところにやってきて、金網ぎりぎりに顔を寄せました。太い金網から手を入れる獣医の指の先には従順で甘えん坊のジョーリックがいます。身体は大きく、顔も大きい。立派なおとなのからだつきです。

ジョーリックはダラキャン氏に会えてうれしくてたまらないようすでした。ネコが喉を鳴らすように、グフン、グフンと喜びの声をもらします。

ジョーリックは放飼場＝運動場で、獣医を誘うようにゴロリと横になったり、ダラギャン氏が囲いにそって動くと、金網ごしに氏を追いかけたりと、うれしくてたまらない。野生のトラのようにダイナミックに走ったかと思えば、やにわに木にかじりつき、マーキング風に爪を立てたりします。木に抱きつく姿は、なんともかわいい。大きなからだをせいいっぱい伸ばして、後ろ足で立ち、ダラキャン氏に「見て、見て」といわんばかりです。ダラキャン獣医に会って、ジョーリックの心は弾《はず》んでいました。まるで親にいいところを見せたい子どものように、はしゃいでいます。

ときには小さい木におしりをこすりつけ、マーキング。当時、ジョーリックは4歳でした。野生ならばちょうどひとりだちしたところです。獣医に甘えるしぐさは子どもっぽいけれど、じつは、ジョーリックはおとなになりかけていました。

ともかく、その日のジョーリックは、ダラキャン獣医との再会をはたし、最高にご機嫌だったのです。

ダラキャン氏の新たな悩み

0・5ヘクタールに1頭で暮らすジョーリックは、ようやく安堵できる居場所を得たかに見えます。金網で仕切られ、飛びださないような仕掛けを施されてはいるものの、運動場はウスリー・タイガそのものです。下草が生え、背の低い木も高い木もあり、うっそうとしながらも明るいタイガです。とはいえ、ジョーリックがちょっと森の奥にはいっていくと、その姿はあっというまに見えなくなります。トラのたてじまもようが身を隠すのにこんなにも有効とは、それまでは思いませんでした。トラのもようはこうした環境で生きるのにはうってつけなのです。

私は、以前もウチョース・リハビリ・センターを見学に訪れたことがあります。そのときに比べ、ジョーリックのおかげで、リハビリ・センターへの訪問者が増えたように思えます。ここに来る訪問者のお目当てはジョーリックですから、まっすぐ彼の放飼場に向かいます。

ジョーリックの成長は順調そうに見えますが、ダラキャン氏の悩みはつきません。まだ、顔の傷は完全にはいえていないから、手術が必要なのです。でも、それはジョーリックが完全なおとなになって、骨格が定まってからにしたい。そのためには、まずジョーリックが結婚することが必要だ、と医師はいいます。

でも、メスのお嫁さん候補を見つけるのがひと苦労。見つかっても、ここリハビリ・センターではお見合いをアレンジするのがむずかしいのです。というのは、動物園と異なり、ここにはメスとオスの相性をたしかめるお見合いゾーンが設けられていないからです。

じつは、猛獣のお見合いは決して簡単ではありません。動物園ではたいそう気を使って、お見合いをアレンジします。まずは、2頭がふれあわないように、檻の格子ごしに対面させ、なかよくなりそうかどうかを観察します。同居できそうだと判断すれば、同一の放飼場に2頭を放しますが、ハプニングが起こっても対処できるように、麻酔銃を用意する場合もあると聞きました。合計400キロにもなる大きい獰猛な動物の激突が起これば、2頭をひき離すことはとんでもなくむずかしいからです。

今年になって朗報が届きました。ジョーリックのところに花嫁がやってくることになったのです。2018年2月28日のニュースです。ダラキャン氏の夢がかないます。ジョーリックの未来が明るくなりました。

トラがつなぐ人間の輪

当時、ウチョース・リハビリ・センターには、ジョーリックのほかに、クマ、タヌキ、シカなどが保護されていました。体調が回復すれば、森に戻される動物たちです。タカ科のハチクマも飛べなくなって捕獲され、治療中でした。

ウチョース訪問は、天気に恵まれました。初秋、空はカラリと澄みわたり、木々の葉がそよいで、ほほをなでる風が心地いい。思いっきり背伸びをします。新鮮な空気が身体を満たしていきます。ここにいるだけで幸せな気分になってしまう。タイガの緑のさわやかな風のなかで過ごすこの時間がずっとつづけばいいのに。

ダラキャン氏の提案でバーベキュー・パーティをすることになりました。参加者は、ウチョースの所長クログローフ氏、センターの獣医、ハバロフスク在住の心強い助っ人獣医、センターの記録を撮りつづける写真家、友人のロシア正教の司祭、第3ギムナジアの教師、それから獣医を志す少年などです。ジョーリックがつないでくれた人の輪です。私たちもそこに加えてもらいました。

リハビリ・センター事務所の木製コテージのベランダで、木製のテーブルと椅子をありったけ並べ、みんなでお食事。楽しい話が座を盛りあげます。ロシア人の話し上手はこうした場面ではいかんなく発揮されます。空気は飛びきりさわやかでおいしい。そこに笑いが絶えないテーブル。食欲が出ないはずがありません。肉、野菜、パン、アルコール、デザートのスイカとメロン、お菓子など、テーブル一杯にあったのに、みるみる減っていきました。

トラの救助という一大事業を成功させたというのに、てらいのない話ぶり。清らかな空気に包まれ、満足げに食事し、楽しげに語らい、笑い、少し飲んで、機嫌よくお開きとなりました。アウトドア派のみなさんのようで、したくも速やか、片づけも手早く、完璧でした。

ウチョースの自然と動物の写真を撮る写真家の話によれば、当リハビリ・センターの付近に自動撮影機を4台しかけてあるそうですが、ここから200メートルのところでトラを撮影したといいます。トラが生きられる環境が崩れないことを、そして、まちがっても人里にトラが近づかないことを、トラのために、人のために心から願わずにはいられません。

ダラキャン獣医の活動は止まらない：動物保全の環境教育

ダラキャン氏は、ジョーリックの命を救いましたが、氏の動物保護活動は、それだけではありません。氏は、ジャーナリストのナジェージダ・ジュルコ氏が書いた『ジョーリックのライフヒストリー』をもって、オレンブルグ、エカチェリンブルグ、サマーラ、トリヤッティ、カザンの諸都市を行脚し、ジョーリックの「いのちの輝き」を伝えるために、25のイベントを図書館で開催しました。約2500人の子どもたちが参加した、といいます。ジョーリックが命をつむぐ衝撃の実話を知り、子どもたちは、野生動物保全という課題を身近に感じたことでしょう。

ダラキャン獣医の挑戦は、それだけでは終わりません。今度は、児童文学と環境教育を橋渡しする試みにとりくみました。それがコルネイ・チュコフスキー『アイボリット先生』

執筆90周年記念イベント、コンクール「先生は病気の動物を治す」です。チュコフスキー（1882―1969）の『アイボリット先生』とは、『ドリトル先生』のロシア版です。

ダラキャン氏が創った動物保護基金「私を助けて」とチェリャビンスク市のマリーナ・ヴォルコヴァ出版社および第16番児童図書館、さらにはウラジオストーク市の「ネコの王国」クラブとサドゴロド動物園が合同して、コンクール「先生は病気の動物を治す」を実施しました。応募規定によれば、①『アイボリット先生』に登場するドクター・アイボリット90歳によせる祝電あるいはお祝いの葉書、②獣医カレン・ダラキャン（チェリャビンスクのドクター・アイボリット）に宛てた獣医の日を祝う詩です。応募資格は、2年生から6年生の児童と保護者、教員でした。

プロジェクトは、チェリャビンスク市でスタートし、ハバロフスク地方、あのジョーリックのもとで終了しました。このプロジェクトのねらいは、子どもたちが偉大な作家の児童文学を学び、動物をたいせつにする気持ちをいだくようになって、進んで創作活動にとりくむようになることです。

寄せられた作品を見ると、4行詩にアイボリット先生と動物の挿絵が描かれた作品や、物語の場面を絵にしたうえでお祝いの文章をつづった電報など、あたたかな作品ばかりです。作品を見れば、子どもたちの創造性が、動物を介してさまざまに開花しているのが感じられます。

ユニークな作品、感動的な作品、おもしろい作品が、受賞対象になりました。受賞者の表彰とお祝いの行事は、4月27日、獣医の日にチェリャビンスク市の第154番学校でとり行なわれたそうです。

ダラキャン氏の活動意欲には舌をまきます。氏は自ら実際に動物の命を救い、動物を育むだけでなく、広いロシアを駆けめぐり、子どもたちの創作活動、しかも動物にかかわる創作のきっかけをしかけ、動物への愛を耕す創造的な環境教育を実践しているのです。

創作活動によって子どもたちには、動物をたいせつにしたいという気持ちが芽生えます。プログラムに参加した子どもたちの写真を見ると、うれしそうな笑顔がはじけていました。もちろん、ジョーリックも、ダラキャン医師の愛犬タイソンもプログラムを盛りあげました。

3 トラを救う施設、トラを護る人びと、トラを育てる施設

① 野生動物リハビリ・センター

2で登場した野生動物リハビリ・センターとはどのような施設でしょうか。日本にはないのでしょうか。いいえ、日本にもあります。たとえば、釧路市にある猛禽類医学研究所は釧路湿原野生生物保護センターを拠点とし、オオワシやオジロワシなどの保全、治療、野生復帰に努めています。そこでの齊藤慶輔獣医師の活躍は世界的にも知られています。

そこで、野生動物リハビリ・センターについて、ロシアの事例を用いて、少しくわしく説明しましょう。野生動物と人間がともに生きるために、とてもたいせつな活動をしていますから。

ウチョース野生動物リハビリ・センター

ケガをしたり、親を失った野生動物が運びこまれるのが、野生動物リハビリ・センターです。ジョーリックが手術を受けたウチョース野生動物リハビリ・センターもそのひとつです。

野生動物リハビリ・センターでは、運びこまれた野生動物の健康チェックを行ない、必要に応じて治療をほどこします。そのうえで、運びこまれた動物が健康を回復したら、自然界で生きていけるかどうかを診断します。たとえ森に帰せると判断されても、ケガが治ればすぐに自然にもどされるわけではありません。自然復帰のトレーニングが必要な場合もあります。トレーニングを受けて、自分の力で餌をとり、生きていけると判断されれば、森に帰されます。

野生動物にとって一番危険なのは、人間を信頼するようになることなので、センターでの治療と飼育は、人間との接触を最小限にして行なわれるのがふつうです。人間に慣れてしまうと、自然界に戻されたあとで、人間に近づいてしまいかねません。そんなことが起これば、人間によって殺される公算が高いので、人間への警戒感を失わせてはならないのです。

さて、ケガが重く、自然界では生きていけそうにないと診断された動物はどうなるのでしょうか。治療がすんだら、センターでそのまま飼育されるか、ほかのセンターへ移されるか、あるいは動物園に運ばれて飼育されるか、です。

ウチョース・リハビリ・センターでは、これまでに280頭のクマと、2頭のアムールトラを自然界にもどすことができました。クマは雑食なので、野生復帰のトレーニングもさほどむずかしくありません。クマは森にもどって5日もすれば、完全に自然界で以前同様に生きていけるそうです。

でも、肉食獣となると自然復帰は簡単ではありません。自分の力でえさがとれるかどうかの最終試験に合格しなければ、自然界には戻せないのです。

えっ、試験？　そう残酷な試験なのです。リハビリ・センターの広い飼育場に、えさになる生きた動物を放します。トラならば、生きたシカなどを飼育場にいれます。自然界でえさとなる動物を自力でハンティングできるかどうかを調べるのです。ハンティングできれば、トラは森にもどされます。

かつてウチョース・リハビリ・センターで治療された2頭のトラは、無線機を装着され、森に放されました。その後のモニタリングの結果、放たれたトラがテリトリー（縄張り）をもてるようになり、また、子どもを出産したことも確認されたそうです。

ウチョースではジョーリックを引きとるまでに、14頭のトラの面倒をみてきましたが、そのうちの1頭が、ハバロフスク動物園のヴォーリャです。このメスのトラは、瀕死の重傷を負い、大手術の結果、命をとりとめました。とはいえ、けがでキバを失ってしまいました。キバのないトラは、自然界では生きてはいけません。彼女には、手術に耐えて生きようとした強い意志をたたえて、ヴォーリャ（意志）という名がつけられたのです。ヴォーリャは動物園で生きていくことになりました。

２０１３年にハバロフスク動物園で小ぶりながら元気なヴォーリャに会うことができました。彼女はとなりの放飼場にいる雄トラのバルハットのお気にいりでしたが、ヴォーリャのほうは興味を示さず、バルハットの片思いでした。残念ながら、２０１４年、ヴォーリャはこの世を去りました。

ウチョースのシンボル、トラのリューティ

ウチョース・リハビリ・センターが生まれたきっかけも、アムールトラなのです。リューティは、ウチョースの看板トラでした。リューティのおかげで、ウチョース・リハビリ・センターがつくられたといっても過言ではありません。子トラのころ、母親と離ればなれになって、道路で死にかけていました。そこで、猟師が生けどりにしようとしたのです。必死にもがく子トラは、猟師の捕獲用具のために血まみれで、キバも折れました。そこに有名な狩猟家で野生動物の保護活動家でもあったヴラジーミル・クルグローフ氏が駆けつけたのです。さすがの彼もこの子トラの蘇生はむずかしいと思ったそうです。

幸いにも、クルグローフ氏によって子トラは奇跡的に命を救われました。とはいえ、キバが折れているのでもう狩りはできません。狩りができないと、トラは自然界では生きて

いけないのです。そこで、子トラは入れ歯をつくってもらい、リューティと名づけられ、クルグローフ氏のもとで飼育されることになりました。

かねてより野生動物の子どもたちのために保護施設を作ることを考えていたクルグローフ氏は、このときウチョース・リハビリ・センターを創設することを決断しました。

私がリューティに会ったのは、2008年でした。彼は0.5ヘクタールの飼育場に1頭だけで暮らしていました。15歳を過ぎたころであった、と思います。クルグローフ氏の息子でリハビリ・センターの現所長エドゥアルド・クルグローフ氏が飼育場に近づくと、リューティは囲いの金網に大きな顔を寄せ、所長の手に頬をこすりつけ、甘えます。200キロの巨体と大きな顔は、まじかで見ると、なんとも凄《すご》みがあります。リューティは、ひとしきりかまってもらうと、ちょっと離れたところに悠然と横たわり、自信に満ちたおだやかな面立ちで私たちをながめています。雪の残る早春の飼育場を背景に、リューティは王者の風格そのものでした。

2013年に再会を楽しみにリハビリ・センターを訪問したときには、リューティは残念ながらもうこの世にはいませんでした。21歳での大往生であったそうです。高齢になってやわらかい肉しか受けつけなくなったリューティは、その日も、やわらかな肉を食べ、すみのほうに姿を消しました。それが彼の生きた姿を見た最後になったのです。

トラを護りたい、救いたい！

ウチョース野生動物リハビリ・センターは、ヴラジーミルの亡き後、生物学と狩猟を学んだ息子のエドゥアルド氏によって引きつがれました。

沿海地方には公的なリハビリ・センターもありますが、ここウチョースは公的資金で運営されているわけではなく、民間の社会団体です。２０１３年当時、33ヘクタールの国営林を借り、１万６０００ルーブリの賃料を払っていました。運営は決して楽ではありません。国際的な環境基金、たとえば、ＷＷＦ（世界自然保護基金）などからの助成金の支援を得たりして、どうにか運営されています。

経営が苦しくてもリハビリ・センターをつづけるのはなぜでしょうか。現所長クルグローフ氏はいいます。なんとしても極東の動物の遺伝子を保存したいのだと。

訪問した２０１３年初秋、センターは２頭のトラの子どもを救ったばかりでした。そのうちの１頭は喉にケガをし、餓死寸前であったそうですが、見事、治療に成功しました。完治したトラたちは、別の施設に移されました。

センターのスタッフは４人。うち１人は獣医です。大きな手術やむずかしい治療には、ハバロフスク在住の獣医が助っ人に駆けつけてくれます。

現所長クルグローフ氏の話しぶりは、穏やかそのもので、口数も多くはありません。でも、しぼり出すように語る言葉には、強い思いがこもっていました。氏は、なんとしても密猟が許せないのです。２００９年から２０１１年のあいだに50頭ものトラが犠牲になった、といいます。１歳で50キロになったばかりのトラの子どもが、１万２０００ドルで売られる。密猟者グループのネットワークによって獲物となったトラが国外にもちだされていくのです。トラを国外にもちだせない鉄壁のシステムがあれば、密猟は減るのだが、と話す氏の口元には悔しさがにじんでいました。

ウチョースでは、以前からセンターの敷地内にエコ小道をつくるなど、環境教育にも熱心で、エコロジー・キャンパスとしての実績も積んできました。ロッジが数棟建てられ、宿泊に利用されています。近くの学校とも連携し、エコロジー・キャンパスのプログラムが作成されています。１クールが10日間で、３回行ないます。定員は１回に40人。プログラムのコンセプトは、＜自然のなかで、自然の動植物を知り、自然のなかで生きることを楽しんでもらう＞、です。

②　トラを護る人びと

トラ・サミット

有力政治家が動物保護を一歩前進させることがあります。寅年の２０１０年に、当時ロシアの首相であったプーチン氏が主催したのが、トラ・サミット（世界トラ保護会議 International Tiger Conservation Forum）です。サミットは、世界中にトラ保護の必要性をアピールしました。

２０１０年11月、ロシアのサンクトペテルブルグでのことです。何より驚かされたのは、次の寅年までに世界中の野生トラの生息数を2倍にするという目標が掲げられたことでした。当時の約３２００頭を、２０２２年までに約７０００頭に増やすという途方もない計画です。

サミットは、世界銀行をはじめ、トラ保護にとりくむＷＷＦやＧＥＦ（地球環境ファシリティ）などが加わる「グローバル・タイガー・イニシアティヴ」（コラム参照）の支援によって準備され、トラの保護をめぐる議論が行なわれました。サミットに参加したのは、トラが生息している13か国の首脳と保護活動に熱心な団体の代表者などです。サミットに協力したアメリカの映画俳優レオナルド・ディカプリオ氏とプーチン氏とのツーショットがメディアやネットで配信されたので、読者のなかにはご記憶のかたもいらっしゃるでしょう。

トラ・サミットは、「世界トラ回復プログラム（Global Tiger Recovery Programme）」を承認し、資金の拠出をめぐる話しあいもなされるなど、かなり実質的でした。ＷＷＦは、トラ保護活動のために、今後５年間で５０００万ＵＳドルを準備すると約束しましたし、世界銀行はトラが生息する国ぐにに対して巨額の融資を行なうことを決めました。ＧＥＦも「世界トラ回復プログラム」のために数百万ドルを支援することになりました。

「世界トラ回復プログラム」は、トラの生息地の管理、モニタリング・システムの技術、生息地周辺のコミュニティーのかかわり、国境を越えた保護区の共同管理といった４分野から構成されていました。重点課題をあげれば、野生動物の違法取引に対処する措置、トラの部位の消費を止めるようにする働きかけ、保護活動家の能力開発、実用的なモニタリング・システムの構築などです。トラの部位の消費とは、骨が漢方薬として使われることなどを指しています。それをなんとか阻止したいのです。

プーチン氏は、「強さ」へのあこがれからでしょうか、いたくトラが好きです。氏はロシア極東に足を運び、自らトラの保護にかかわる活動に参加しては、その勇姿がたびたびメディアなどで報じられています。プーチン氏は、「この世界プログラムの目的は、２０２２年までにトラの生息数を世界中で２倍にし、トラの生息空間を実際に拡大することだ」と強調しました。

続けて、プーチン氏は、これはむずかしい課題だが、できないことではないとし、ロシアの経験にふれています。氏の演説によれば、ロシアでは、約30頭にまで激減したトラが、いまや約500頭になった、といいます。氏はトラの生息数の回復に成功した国は、ロシアだけだと胸をはり、参加者に「ご出席のみなさんは、自然をたいせつにする文化を、トラだけではなく自然ぜんたいをだいじにする文化を、さし迫って必要とされている恒久的なトレンドにすることができるのです」と力強く呼びかけました。

トラの生息数を2倍にできるか

次の寅年の2022年までにトラの生息数を2倍にするなんて、本当にできるのでしょうか。このサプライズ宣言を、トラ保護にかかわっている人びとや研究者はどうみているのでしょうか。聞いてみました。

極東のハバロフスク地方でアムールトラの保護と研究に携わっている人びとは、倍増宣言に対していたって冷静でした。トラ・サミットのようなとりくみは悪くはないが、宣言の実現可能性はとぼしい、といささかそっけないもよう。なぜなら、トラの生息数を増やすためには、トラの餌になるシカなどの動物が生きられる豊かな森がなくてはならないが、トラの生息エリアはハバロフスク地方では400万ヘクタールで、このところ生息数は72～78頭と、安定している。残された生息可能なエリアは、アムール川の左岸で、そこでは12～15頭のアムールトラが暮らせるだろう、と研究者は森林の状態と面積から新たに生息可能な頭数を算出しました。

トラ・サミットに出席したロシアの動物園関係者にも聞いてみました。トラ倍増計画は政治家の話だ、とこれまたすげない返事。生息環境がないのに、トラの数だけ増やせるか、というわけです。自然界でのトラ保護には、自然環境の保護、密猟からの保護、森林火災の防止など、やらなくてはならないことがたくさんある。トラを減少させないためには、なすべきことがまだまだたくさん残っているというのです。

野生動物は政治の道具か

倍増宣言はプーチン氏のパフォーマンスだと冷ややかな知識人。プーチン氏は、政治家としてのイメージを上げるためにトラを使っている、ともいえましょう。自分では、自然をたいせつにする文化を高らかにうたいあげつつも、極東に石油・天然ガスのパイプラインを敷設することにためらうことはない。パイプラインの建設と工事はトラの居場所を奪うというのに。彼は、明らかにトラを、自身の強さの象徴として利用しています。

そうであったとしても、プーチン氏のトラ保護活動を評価せずにはいられません。彼が無類のトラ好きであることはまぎれもない事実です。うがった見方はいくらでもできますが、これほどまでにトラ保護のために実際的に働きかけ、そのための資金集めの回路まで開いた政治家はいませんでした。

動物の保護に実際的に熱中する政治家はどれほどいるでしょうか。日本でいえば、動物保護は、選挙のさいの集票には役立たないので、政治家は誰一人として動物保護には夢中になりません。

そう考えると、ますますプーチン氏の活躍は無視できません。しかも、ロシアにおけるトラ保護の本気度は、ある程度信用できそうです。というのは、トラ・サミットの直前２０１０年11月に、チョウセンゴヨウ（五葉松）の伐採を再度禁止することが決まったからです。チョウセンゴヨウの栄養価の高い実（松の実）は、極東のタイガに棲む動物たちの生命線です。シカやイノシシなどの生きものでにぎわう森は、草食動物を餌とする肉食獣の種も持続させます。極東の生態系全体を良好に維持できるかどうかは、チョウセンゴヨウにかかっているといってもいい過ぎではありません。体制転換期、市場経済化のなかで、チョウセンゴヨウがあまりにも乱伐され、激減したので、商業目的の伐採が禁止されることになったのですが、その法律が２００７年に撤廃され、再びチョウセンゴヨウの大量伐採と乱伐が復活してしまいました。そこで、チョウセンゴヨウの伐採が再度禁止されたのです。

NGO・NPO

ロシア極東には献身的にアムールトラを護る人たちがいます。ロシア科学アカデミー極東支部のヴィクトル・ユージン博士もその一人です。氏は極東支部生物学土壌学研究所にある野生動物リハビリ・センターの所長にもなりました。博士は夫人とともに野生動物の保護にとりくみ、アムールトラを飼育してきました。しかし、こうした個人の努力にばかり頼るわけにはいきません。そこで、重要になるのが自然保護を目的とするNGO・NPOです。

つづいて、トラ保護に熱心な3つのNGO・NPOを、特徴的な活動に絞って少しだけ紹介します。

<WWF>

WWFは、世界最大規模の自然保護団体としてよく知られています。野生動物の保護施設やリハビリ・センターを訪問すると、WWFが支援した証のパンダのシールをみかけます。本基金は、生物多様性を維持し、人間の持続可能な環境をつくるために、気候変動の調査、森林保全、野生動物の保護などの活動を世界中で展開しています。

ＷＷＦは、トラ保護とトラの生息地の自然環境保全プロジェクトを実施しています。たとえば、トラの骨が漢方薬として珍重されることから、密猟や違法取引が横行しやすいので、そうならないように監視しています。もちろん、生息地の自然環境を保全する活動も支援します。アムールトラを護るためには、まず極東の森林を護らなくてはならないからです。

そのほか、監視官などの訓練や教育、地域住民への環境教育などを実施したり、それらを援助したりしています。

ＷＷＦは、インド、インドネシア、タイ、マレーシア、ベトナム、カンボジアなどでトラの保護活動を実施してきました。ロシアでも１９９０年代からアムールトラの保護活動を本格化させています。それは、ソ連邦解体後にはびこった密猟と森林の不法伐採が、トラの生息数を減少させてしまったからです。

ＷＷＦの活動として注目されるものに、コリドー計画があります。ロシアでの活動に限ったわけではありませんが、ＷＷＦは、分断されたトラの生息地をつなぐコリドー（緑の回廊）を設定し、保護地域を拡大する試みを支援しています。そうすれば、生息可能な頭数が増え、トラ同士の出会いも増えて繁殖も活発になりうるからです。

＜国際環境NGO FoE Japan＞

日本にもトラの保護にとりくむNGO・NPOがあります。そのひとつが、国際環境NGO FoE Japanです。「ロシア森林・アムールトラねっと」を立ちあげ、アムールトラを護ることに力をつくしています。このNGOの特徴は、森林保全と生物多様性の維持を活動の核にすえているばかりでなく、トラと共生してきた、森に生きる少数民族の世界観と生業をもたいせつにしていることです。

民族問題と環境問題は、とかく別々にとりあつかわれがちなので、右の観点は重要です。森林保護、生物多様性の維持、先住少数民族の人権保護、アムールトラの保護は、すべて緊密につながっているからです。このつながりをたいせつにしないと、野生動物の保護は前に進みません。

このNGOにかつて所属していた野口栄一郎氏は、先住少数民族であるウデヘやナナイといったビキン川流域に暮らす人びとに注目し、開発に抗して闘う先住民NPO代表者の意見を紹介しています。これらの人びとは、伝統的な自然利用と自律的な生活のために、外部からの開発によってビキン川流域の自然が壊されることに抵抗してきたのです。

ＮＧＯ・ＮＰＯが自然保護において大きな役割をはたすうえで重要なのは、パートナーシップの原則です。各地で孤立し往々にして劣勢の環境保護運動も、国際的なＮＧＯの援助によってときには事態を好転させることもあるのです。

さて、このＮＧＯは２０１０年寅年に、野生のアムールトラの生態とその危機的状態を説明するパネルを作成しました。そのパネルは、アムールトラを飼育している国内の動物園24園に展示されました。パネルは、いささか学術的な内容を含みますが、極東のトラと森林の深刻な状態をわかりやすく説明しています。

同ＮＧＯは、人形劇「トラちゃんの里帰り」も上演しました。人形劇のストーリーはこうです。日本の動物園にいるトラちゃんがロシア極東に里帰りすると、ふるさとの森にはブルドーザーの音がなり響き、仲間たちは居場所を追われ、とんでもないことになっていました。トラちゃんはこの恐ろしい事態を伝えようと、日本にもどってきます。人形劇は、事実をファンタジーの世界に落としこみ、子どもたちの関心をひきつけました。

この人形劇は、動物園と協力して演じられ、秋田市大森山動物園での上演では、トラの置かれた状態を問題提起したトラちゃんが「友だちになってくれる？」と問いかけると、見ていた子どもたちは元気に「うん！」と答えました。

〈NPOトラ・ゾウ保護基金〉

トラ保護に積極的にとりくむ団体として忘れてはならないのが、トラ・ゾウ保護基金です。同基金は、1997年から任意団体として活動してきましたが、2009年にNPO法人格を取得しました。同基金は、インドでは密猟防止に活躍するレンジャーへの資金援助を行ない、ロシアのアムールトラ保護にも協力してきました。

同基金は、2014年春、上野動物園と協力して、「トラパンフレット」づくりにとりくみました。まず、ワークショップを開いて、トラが大好きでトラのことを知りたい小学生を、トラパンフレット編集委員に任命したのです。子どもたちは、トラの飼育係からトラについての説明を聞き、同基金の企画によるゲーム「トラになってみよう」でトラの生活を体験しました。日をあらためて、つくられたパンフレットがトラ大使の子どもたちによって一般の来園者にも配られたのです。

ちなみに、上野動物園のトラは、スマトラトラです。

上野動物園内の「トラの森」には、トラ・ゾウ基金がつくったパネルが貼られ、トラの生態が示されています。トラの鳴き声を聞けば、甘えや威嚇など、こめられた意味がわかるといった音声つきの説明もあり、じつに楽しい演出です。

③　トラを育てる施設：動物園

動物園の課題　種の存続：ブリーディングローン

動物園の重要課題は繁殖による種の持続です。そのために繁殖計画をたてる専門家がいます。それが種別計画管理者です。どのような仕事をするのでしょうか。さっそくアムールトラの種別計画管理者にインタビューしました。２０１３年、日本におけるアムールトラの種別計画管理者は、神戸市立王子動物園の獣医、山田由紀子氏でした。

種別計画管理者は、動物種ごとにいます。アムールトラの管理者のもとには５人の専門技術員グループ（獣医４人と飼育員１人）がいて、年に１回会議を開き、繁殖の提案をまとめ、日本動物園水族館協会に提出するのだそうです。

繁殖計画を立てるとき、何に注意するのでしょうか。ありていにいえば、お見合いポイントは何でしょうか。山田氏と島谷氏（王子動物園の当時の副園長、前園長）に聞きました。ポイントの第一は、個体だけでなく、個体群の把握だそうです。遺伝子的に近い状況はよくないので、それを避けるというわけです。ポイントの第二は、個体そのものの把握。メスの繁殖年齢で望ましいのは、３～６歳とのこと。もちろん、動物の移送距離は短いほうがいい。また、健康状態などの把握も重要です。第三のポイントは、動物園の状態、スペースの問題です。

こうしたポイントをていねいに検討し、どこの動物園にいる誰と誰をお見合いさせるかといったブリーディングローンの案が作成されます。こうして動物園のあいだでのアムールトラの貸し借りが行なわれることになり、トラはお見合いのために移送されます。でも、結婚するかどうかは、相性いかんで、本人たちの自由です。結婚にいたらないケースもあります。

２０１３年7月のデータによれば、国内のアムールトラは、25動物園で、合計58頭が飼育されていました。その数は、世界の動物園での飼育数のほぼ10分の1強にあたります。動物園のアムールトラは、１頭１頭国際血統登録番号をもっています。世界中の動物園に飼育されているトラを、国ごとに亜種別に整理している人がいるのです。調査時（２０１３年）、トラ全体の血統登録者はライプツィヒにいるピーター・ミューラー氏でした。氏は、ヨーロッパ有数の動物園として知られるライプツィヒ動物園にかつて勤務していました。日本の種別計画管理者がまとめたレポートがミューラー氏に送られ、氏は世界中のデータを整理して報告書にまとめ、ＣＤにして各国に配ります。

そのレポートには、トラの亜種別に、１頭ごと、国際血統登録番号、性別、生年月日、父親、母親、出生場所、名前などが、登録されています。現在、登録番号は４桁で、４０００～

5000番台。父親も母親も国際血統登録番号で記載されています。驚くことに、先祖を何代にもわたって確認できるしくみになっています。同時に、父母や祖父母はもとよりその先の先祖も動物園生まれか、野生であるかがわかるようになっているのです。

アムールトラについてのこのような調査は、1950年代にスタートしていますから、ずいぶんと早くから種の保存について注意が払われていたことになります。

日本の動物園におけるアムールトラの生息状況は、場所と数字で管理されています。2011年の例ですが、「釧路0・2・0」と記入されています。この読み方は、釧路市動物園、オス0頭、メス2頭（チョコとココア）を意味しています。最後の0は、雌雄の区別がつきにくい個体数ですが、その区別がむずしい動物種の場合に記入されます。アムールトラはこれには該当しません。

リングのミッション

動物の繁殖を実現することは、種の保存のために重要といわれても、当の動物からすれば、負担の大きなミッションです。せっかく仲がよく子宝に恵まれても、一生そいとげることはできず、人間によって、引き離され、移動して、別のパートナー候補とお見合いしています。こうして、遺伝子、血統が偏らないようにしているのです。

釧路市動物園のココアとタイガの父親リングは、２００３年４月ロシアのチェリャビンスクの動物園で生まれたオスのアムールトラです。その後、中央アジアのカザフスタンのアルマトゥイに移動し、そこで飼育されてから、釧路市動物園にやってきました。釧路市動物園ではメスのチョコとのあいだにココアとタイガが生まれたのです。

リングは、立派な体格で、雄々しく、精悍な面立ちです。ロシア生まれのリングの遺伝子をもつアムールトラは日本にはいないので、リングは大きなミッションを担わされました。チョコと別れ、まずは東京の多摩動物公園に貸しだされました。そこで、シズカとのあいだに子どもが３頭生まれました。シズカは初産で、リングの鷹揚さとやさしさが評価されました。

そのためでしょうか、次に、リングは札幌市の円山動物園に移動させられたのです。ここでは繁殖は実現せず、一度、日本での故郷ともいえる釧路市動物園にもどりました。でも休むまもなく、２０１４年４月には長野市の茶臼山動物園に移送されることになりました。フェリーと車で長距離を移動したリングは、茶臼山動物園に到着後はさすがに疲れたようすでごろごろしていた、と聞きます。

茶臼山では２０１５年３月に、リングとメスのミライとのあいだに待望の赤ちゃんが誕生しました。メスとオスの２頭で、メスはアズサ、オスはアサマと名づけられました。リ

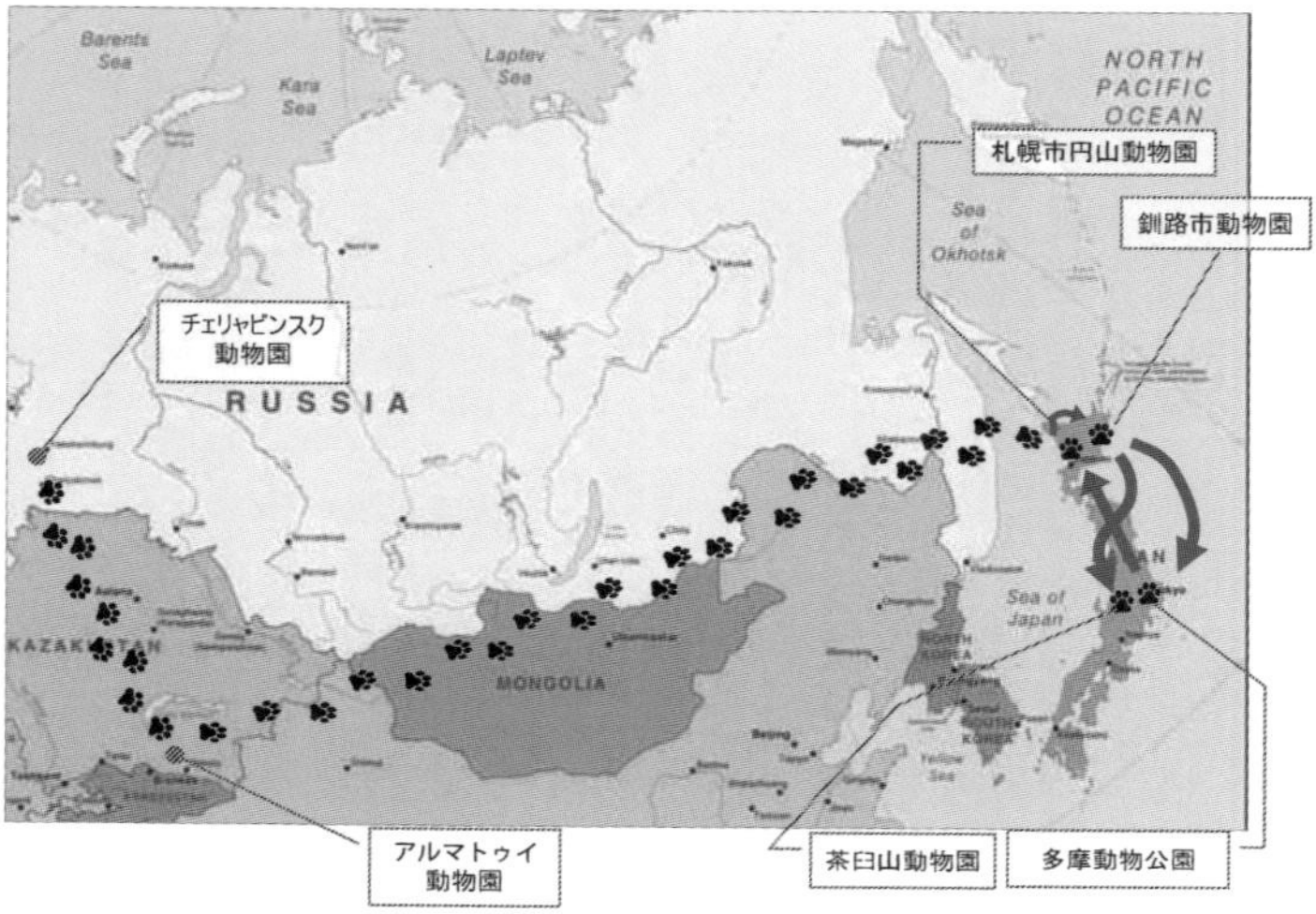

リングがたどった道程

ングは、茶臼山でもミッションをはたしたことになります。

リングは、いま15歳。15年間で、居場所を6回も変えたことになります。

移動は動物にとって恐怖でしかありません。動物によっては移送中に急死することもあるのです。そんな危険を冒してまで、種の保存のために動物は移動させられるのです。

そればかりではありません。それぞれの動物園の放飼場（展示場）はようすが異なります。広さが変わるだけではなく、こしらえも異なります。飼育者も変わります。新しい生育環境になれるのも骨が折れることでしょう。精神的なタフさが求められます。

リングの育ったカザフスタンのアルマトゥイ動物園にも行ってみました。そこでの放飼場のしつらえは、釧路市動物園とも多摩動物公園ともちがっていました。茶臼山を加え、4園だけを比較しても、見学者との距離、放飼場内の高低差（起伏）の有無、一時的に身を隠す場所の有無、遊び道具の種類など、それぞれ異なっています。多摩動物公園の放飼場は広く、高低差があり、竹やブッシュで身を隠すところがいろいろとあります。水浴び場も大小2か所あります。アルマトゥイ動物園は、放飼場と人止め柵が離れていて、そのあいだをネコが悠々と散歩するなど、のんびりしていました。釧路市動物園は、放飼場に各種遊具が置かれていて、また、見学者とトラがガラス越しに対面できるといううれしい工夫が施されています。

リングは、種別計画管理者の案にもとづいてお見合いし、子孫を残すというミッションをはたしています。アムールトラは、美しい毛並みとしまもよう、凛々《りり》しい面立ちで悠々と生きているように見えます。その孤高で悠然とした姿が私たちを励ましてもくれます。でも、実際のところ、自然破壊によって居場所を失い、動物園での繁殖によって種を存続させているのです。そうした健気な存在であることも忘れてはならないでしょう。

参考文献

山口良雄（2013年）「これからの動物園が目指すもの：命の大切さ、学びの場としての釧路市動物園」、児玉敏一・佐々木利廣、東俊之・山口良雄『動物園マネジメント　動物園から見えてくる経営学』学文社
志茂田景樹（2013年）『ぼくらの街にキリンがやってくる　チャイルズエンジェル450日の軌跡』ポプラ社
志茂田景樹・文、木島誠悟・絵（2013年）『キリンがくる日』ポプラ社
http://www.vostokmedia.com/n234473.html
http://zoopark-vl.ru/index.php?aid=82&cid=183&module=catalog
http://www.aif.ru/report/1150012
菊間満・林田光祐（2004年）『ロシア極東の森林と日本』東洋書店、ユーラシア・ブックレットNo.58

コラム グローバル・タイガー・イニシアティヴ（GTI）：トラを保護しなくてはならない理由

グローバル・タイガー・イニシアティヴは、世界銀行総裁ロバート・B・ゼーリック氏、地球環境ファシリティ、スミソニアン協会、国際トラ連合、各国政府や国際機関によって、２００８年６月に設立されました。一方では、人間による開発要求を満たしつつ、他方では、天然資源の持続可能な管理と減少傾向著しい野生のトラの増加を目指すといいます。容易に両立しがたい、かなり矛盾した二つの目的ですが、右記の諸組織と世界自然保護基金（ＷＷＦ）や野生動物保護学会などの広範な国際組織のネットワークによって、ＧＴＩは自然開発と自然保護（トラの生息数の増大を含む自然保護）の両方を実現しようとしています。

参加しているのは、ロシア、インド、中国、バングラデシュ、ブータン、カンボジア、インドネシア、ラオス、マレーシア、ミャンマー、ネパール、タイ、ベトナムといったトラが生息している13か国と、次の諸組織です。世界銀行、世界自然保護基金、国際動物愛護基金、チグリス財団、ロンドン動物学会、世界動物園水族館協会、ワイルドライフ・ウォッチ・グループなど。さらにトラ保護に貢献するいくつもの財団などのＮＧＯが名を連ねています。

ＧＴＩのビジョンは、つぎのように宣言されています。「２０２０年までに、アジア全域の野生のトラを絶滅の危機から救い、現在だけでなく将来もずっと、持続可能な形で管理された保護地域でトラが健全な生息数を維持すること――それが私たちの願いです」。

トラは、なぜ保護されなくてはならないのか。ＧＴＩはこのように自問して、次のように答えています。

「生物多様性は地球の生命線です。トラはこの生物多様性のバロメーターなのです。トラの危機は、アジアにおける生物多様性の危機を象徴しています。だから、トラの危機をしっかりとうけとめて、生態系の持続可能性と生物多様性との維持のために政策を立て、実施しなくてはなりません」。

第Ⅳ章　アムールトラと人間との共存のために

　前章で見たように、ハバロフスクの生徒たちはアムールトラのジョーリックを救うために懸命に活動しました。生徒たちは、どうしてアムールトラの救命に夢中になれたのでしょうか。

　多くの子どももおとなも、人間に従順そうな動物を見れば「かわいい！」といい、気の毒な動物を知ると「かわいそう」とつぶやきます。ふつうはそれでおしまいですね。生徒たちは、なぜ、「かわいそう」ですませなかったのでしょうか。

　市民たちは生徒たちの活動に共鳴し、寄付したり、ボランティアとなってトラの施設を改修したりしています。日々の生活が楽ではない年金生活者までもが、一頭のトラを救うために寄付をしています。どうしてハバロフスク市民は一頭のトラの救命にここまで熱心になれたのでしょうか。

　アムールトラを救うための学びと活動に時間とお金を消費する。どうしてそこまで動物保護に夢中になれるのか。もう一度、初等・中等学校の生徒たちの学習に立ちもどり、アムールトラと人間がともに生きる原点を探ってみましょう。

1　環境教育・学校編―ハバロフスク・パリコフ記念第3ギムナジア

教育プロジェクト「アムールトラの保護」

ハバロフスク市パリコフ記念第3ギムナジアは、市教育局が環境（エコロジー）教育の模範校というお墨つきを与える初等中等教育学校（小学校と中学校・高等学校の一貫校）で、2013年に創立80周年を迎えた伝統校です。

第3ギムナジアは、2011年から教育プロジェクト「アムールトラの保護：現代の環境問題の一つとして」にとりくんできました。このプロジェクトのきっかけは、第Ⅲ章で扱ったあの大ケガをした子トラのジョーリックとの出会いでした。生徒の一人は、ジョーリックに会いに行ったときの印象を次のようにふりかえりました。「かわいそうで、助けようと思ったの。すごく大きなケガをしていたわ」と。この女生徒がジョーリックを救うための寄付を集める活動のリーダーになったのです。

第3ギムナジアは、リーフレット「アムールトラの保護：現代の環境問題の一つとして」

を作成しました。そこにはプロジェクトの目的が次のように書かれています。「生徒たちの教育活動を、沿海地方の環境問題の研究に向かわせるように組織する。アムールトラの生息数を維持するための社会運動に生徒たちを引きこむ」。アリーフレットで掲げられた課題は次の３点です。

１　生徒たちのなかに、故郷の自然とアムールトラを大事にするという意識を形成する。
２　創造的な能力の発達を介して、子どもたちに故郷の自然への愛を育む。
３　現代の環境問題の解決に向けて、積極的な生活態度を形成するようにうながす。

生徒たちがトラ保護の社会運動に参加するようにいざなうとか、生徒たちに積極的な生活態度を形成し、いわば活動を呼びおこすとか、こうした学校教育の目標は、日本ではめったにお目にかかれません。学校教育では知識と行動は別々で、なかなか結びつかないのです。このギムナジアは、この難問に挑戦しました。

プロジェクトの初年度は、２０１１－２０１２年度で、生徒たちは「ジョーリックを救え」という活動にとりくんでいます。この活動の結果、10万１６３４・５ルーブリ（約30万円）の寄付金が集まり、ジョーリックの手術費用に当てられました。

寄付に協力してくれたのは、一人ひとりの市民でしたが、第75番幼稚園などの組織的な協力も大きかったようです。年金生活者までもが、支援の輪に加わりました。寄付金ばかりでなく、穀物、乾パン、粉ミルクといった動物の餌をプレゼントしてくれた市民もいました。

この年度に私は、このギムナジアを訪問し、ジョーリックを救うために募金活動にとりくんだ生徒たちの報告会に出席するチャンスに恵まれました。そこには、ジョーリックの暮らすウチョース野生動物リハビリ・センターからも職員が参加し、生徒たちの支援に対してお礼を述べるとともに、ジョーリックの現状を報告していました。学校側の参加者は、化学・生物学を重点的に学習するコース（化学・生物学専攻）の生徒たちと教員でした。

次に年度ごとの課題を紹介しましょう。

２０１２―２０１３年度。それぞれの学級が、子トラへのプレゼント（穀物、乾パン、粉ミルク、コンデスミルク、リンゴなど）をもって、ウチョース野生動物リハビリ・センターを自主的に訪問。

環境プロジェクト「アムールトラの保護」の提出と承認。

２０１３―２０１４年度。化学・生物学専攻の生徒たちはウチョース野生動物リハビリ・センターでの学術調査と、人道的な支援を行なう。教科外活動「子トラのジョーリック、

2年間が経って」にとりくむ。さらに公開報告会「アムールトラの保護：現代の環境問題の一つとして」を開催。

第3ギムナジアでは、教科教育と教科外教育（教科以外の教育で、課題を探求するような、生徒たちの自主的・集団的な、総合的な活動）とを組みあわせ、知識を教えるばかりでなく、見学や体験学習をも組みこんでいます。さらに、学校は生徒たちが動物の保護活動に積極的にとりくめるように支援していました。

次に見る2013年の公開報告会から、生徒たちの活動と運動のありようを垣間見ることができます。

パリコフ記念第3ギムナジア　公開報告会（円卓会議）「子トラのジョーリック　2年間が経って」

公開報告会、題して「子トラのジョーリック　2年間が経って」が、2013年9月13日に第3ギムナジアの小ホールで開催されました。

報告者は、生物学の教員2人と、化学・生物学専攻に学ぶ10・11年生（日本ならば高校1年生と2年生）の生徒たち約30人です。参加者は、ジョーリックを救った獣医ダラキャン氏

（チェラビンスクから参加）、ウチョース野生動物リハビリ・センターに協力している獣医（ナレーチィ氏）、ハバロフスク市教育局次長、エコロジー・センター「カサートカ」の専門家2人、科学アカデミー水・エコロジー問題研究所上級研究員、そして私と私の友人でした。

参加者の陣容を見て驚いたことは、立派な研究者が参加し、有数の研究機関の代表者が出席していることです。この学校がいかに社会教育施設や研究機関と連携しているかがわかりました。

公開報告会はイリーナ・ニコラエヴナ・グルーホヴァ校長のあいさつではじまりました。校長は、本校が創立80周年を迎え、こうした企画が実現できたことを喜んでいる、とにこやかに、かつ誇らしげに語りました。そのさいに、私は、光栄にも来賓として80周年の記念メダルを頂戴しました。

グルーホヴァ校長は、ジョーリックを助けてほしいという市民への訴えを自らの署名で出すほどに、トラ保護に熱心にとりくんできた人物です。彼女の話には、ジョーリックによって、「私たちが変わった」といったニュアンスも含まれていました。助けられた動物が、助けた人びとの、人としての、市民としての成長をうながしてくれた、といいたかったようです。校長は、アムールトラの保護は重要な課題で、その課題解決のために、国家が行なえないようなことを市民が行なった、ときっぱりと語りました。

イベントの中心は、生徒たちの発表です。生徒たちが活動と研究成果を報告し、各学年担当の生物教師がコメントするという形態で進められました。

パワーポイントのタイトル・スライドには教科外活動「子トラのジョーリック　2年間が経って」とあります。プレゼンテーションの内容は、次の通りでした。

(1)アムールトラに関する一般的情報、(2)ジョーリックのライフヒストリー、(3)パリコフ記念ハバロフスク市第3ギムナジアの生徒たちがどのようにジョーリックの運命にかかわってきたか、(4)ジョーリックは現在どのような状態か、(5)今後の計画

報告者たちは、トラにとって生息環境がたいそう重要だから、なんとしても森林を護る必要がある、と強調しました。さらに、密猟との闘いと、保護エリアの形成もたいせつな課題として指摘し、市民への啓蒙と教育といった働きかけもだいじです、とつけくわえました。

報告者は、日本ならば高校1年生と2年生ですが、報告内容がけっこう専門的で驚かされました。そのうえ、研究機関の研究者も参加し、生徒たちの仲間として発言する姿にも目を見はりました。

報告会では詩が朗読され、トラを尊崇する諸民族にもふれられ、また、「トラの秘密」というゲームも紹介されました。このゲームがなかなかよくできていて、ワイワイ楽しみ

ながら、学問的知識が身につくように工夫されていました。

生徒たちは、今後もジョーリックの支援をつづけるようでした。最後に、下級生たちが歌とダンスで参加者をねぎらいました。

ハバロフスク第3ギムナジアから学んだこと

ジョーリックを見ることで、第3ギムナジアの生徒たちの心にあったアムールトラへの関心が、トラを「助けたい」という気持ちに転化し、さらに自分たちで「助けよう」という活動に踏みきります。「助けたい」と「助ける」とのあいだには、高い壁があるといってもいいでしょう。たんなる願望と、時間とエネルギーを使う活動とはまったく異なります。この壁を乗りこえさせたのは、生徒たちの学習と教師の手助けでした。

生徒たちは、アムールトラの生態を調べ、現在のトラの境遇を知りました。アムールトラのおかれている危機的な状況を具体的に、客観的に理解したのです。こうして、アムールトラの絶滅の危機を環境問題としてとらえ、その問題が起こる原因を突きとめようと、学習を深めました。

生徒たちは、アムールトラを「助けなくてはならない」という客観的な根拠を認識したことで、ジョーリックを「助けたい」というやさしい気持ち（主観）が、なんとしてもジョー

ハバロフスク第３ギムナジアの子どもたちと（中央、著者）
撮影＝曽根直子

リックを救おうという決意となり、そのための行動が起こされたのです。

生徒たちは実情を広く市民に訴え、寄付金を募る社会運動を展開しました。アムールトラの危機と保護という環境問題に向きあう生徒たちの熱意が市民の心をゆさぶり、市民一人ひとりが、「自分に何ができるか」を考えたのです。野生動物保護の市民力が、生徒たちの運動によって、育まれることになりました。

第３ギムナジアの見学とインタビューでもうひとつ印象に残ったのは、学校と学校の外とのつながりです。学校は、ウチョース野生動物リハビリ・サンターなどの校外の機関や組織と緊密に連携していました。それればかりでなく、生徒たちが学校の外の世界に働きかけ、動物保護の理念を広め、保護活動への参加を呼びかけたのです。このようにして新たに動物保護ネットワークが創られました。

極言すれば、生徒たちが社会を動かしたのです。校長がいうように、生徒たちと市民は、自ら進んで地域社会を野生動物保全の方向へと動かしました。

生徒たちのなかに育ったコミュニティとのかかわりと動物保護の倫理性に注目すれば、生徒たちにシチズンシップ（市民としての自覚、市民としてどのように社会をつくっていくかという意識とそれにもとづく社会参加）が育まれた、といってもいいでしょう。

生徒たちは、トラ保護のために自主的に社会運動を起こし、人間以外の自然存在（この場合はアムールトラ）のための、エコロジー的義務感（見返りを求めないトラ保護のための活動意欲）を市民のなかに目覚めさせ、コミュニティとともに環境問題の解決に実際にとりくんだのです。

ジョーリックを救い、市民力を育んだ学校教育の力に驚かされますね。聞きとり調査をつづけると、生徒の社会的活動が実を結ぶには、それなりの前提があったこともわかってきました。つづいて、この前提について紹介しましょう。

結論を先どりするようないい方をすれば、地域に人間形成の総合力があってこそ、生徒たちの社会運動は報われたのです。

2　動物への関心を育む：動物園

動物好きを育てる

子どもたちの活動が実を結ぶ前提、つまり人を育てる地域の総合力について検討する前に、動物保護の前提中の前提、どのようにすれば動物への関心が芽生えるか、について考えてみましょう。

アムールトラの保護といっても、まずは人びとにトラへの関心を抱いてもらわなくては何もはじまりません。でも、それは簡単ではなさそうです。人間の思うようにふるまってくれるイヌや訓練されたサルならいざ知らず、人間のすき勝手なコントロールに従わない普通の野生動物はどうでしょうか。「こわい」「きたない」「くさい」、が先立ちはしませんか。

野生動物への関心がわくチャンスとしてもっとも手っとりばやいのが、そう、動物園です。動物園が好都合なのは、いろいろな動物が飼育されているからです。子どももおとなも、ここでお気にいりの動物にめぐりあうかもしれません。「かわいい！」「すごい！」「美しい！」と、見ていて飽きない動物がいればしめたもの。動物の動きにあわせて、見学者も放飼場の柵にそって行ったり来たりと移動します。いつまでも同じ動物を見ていて、時間がたつのを忘れる。何度も動物園に足を運ぶ。こうして、動物と人間との距離が縮まっていきます。

もし、愛着をもつ動物ができたら、何度も動物園に行って、写真を撮り、それをインスタグラムに載せたり、その動物について調べたりしたくなるでしょう。もちろん、お気にいりがアムールトラとは限りませんが、そんなことは問題ではありません。

たまたまそうした対象がアムールトラであるならば、トラの危機を放っておけない気分に徐々になるかもしれません。極東で最強の動物アムールトラが、死に絶えてしまうなんて、「どうして？」と気がかりになるのではないでしょうか。

上野動物園とトラ・ゾウ保護基金が協力して行なったイベントは、トラ好きの子どもたちを集めて、まず好きなトラがどのような動物かを知ってもらうというものでした。そうすると、トラについて科学的に考えるようなり、トラがいっそう気がかりになるのです。

バイオフィリア

「野生動物が好きなんて、もの好きね」、といわれるかもしれません。でも、もの好きとばかりはいえないようです。このあとで少し説明しますが、人間には動物を愛おしむという内面性が備わっているという学説があるからです。

とはいえ、「それはペットの場合でしょ」、といわれそうですね。野生動物はどんな生き物かわからないから、怖い。これが当たり前の反応でしょう。たしかに野生動物にはわからないことがたくさんあります。でも、こうは考えられませんか。わからないことがあるからこそ、面白い。わからないから、もっと知りたくなり、また知れば知るほど、その動物への興味がわく、と。

研究者の弁を借りれば、「不可知性や不可知なものに対する畏敬の念」（養老孟司・的場美芳子〔2008〕「動物は自然―ペットからコンパニオンアニマルへ」林良博・森裕司・秋篠宮文仁・池谷和信・奥野卓司編『ヒトと動物の関係学　第3巻　ペットと社会』岩波書店、106ページ）が、野生動物と「ともにある」「ともに生きる」という生きものの世界の調和の思想を築く第一歩にもなるのです。

ハーバード大学のウイルソン氏は、この動物を愛おしむ内面の動きを研究しました。氏は、「人間が自然を愛おしむ気持ちは遺伝的にプログラムされている」、といいます（太田光明〔2008〕「広がる可能性―介護・探査・救援」林良博・森裕司・秋篠宮文仁・池谷和信・奥野卓司編『ヒトと動物の関係学　第3巻　ペットと社会』岩波書店、257ページ）。ウイルソン氏の説によれば、「人間は自然そのもの、動植物を含む自然のさまざまな情景に強い親近感をもつ」ように遺伝的にプログラムされている、というわけです（同右）。

つまり、人間が自然を愛し、積極的にかかわろうとする根拠が、遺伝子研究によって明らかになったのです。「人間は、生命もしくは生命に似た過程に対して関心を抱く内的傾向がある」ことをつきとめ、人間が進化の過程で育んだこの心性を「バイオフィリア Biophilia」（自然を愛する心性）と呼びました（養老孟司・的場美芳子、前掲書、106ページ）。心性とは、すべての人が生まれながらにもっている感じ方や考え方です。

となると、人がトラを好きになっても、少しも不思議ではない。むしろ、このバイオフィリアを呼びおこすきっかけさえあれば、人は野生動物にも関心を示し、多様な生きもの世界の調和を維持することが当然と思えるようになるでしょう。遺伝子研究者によれば、自然を愛する内的傾向は、人間の進化の過程で育まれたごく自然な心性なのですから。

でも、実際の現代社会では、自然を愛し、野生動物に畏敬の念を抱く人がいれば、変わり者よばわりされかねません。近代化・現代化の進行のなかで、人間はしだいに自然から遠のき、人工的環境を、現代的なかっこいいものと評価し、自然からもっとも遠ざかった都市的生活スタイルにあこがれをもつようになりました。

多くの現代人には、野生動物も昆虫も、きたないもの、わずらわしいものとして忌みきらう傾向があります。それが都会人の証であるかのように。この行きすぎた不自然な傾向を是正するために、先のバイオフィリアを呼びおこす必要性が認識され、自然を愛する心性を呼びおこすことが計画されるようになりました。動物園の環境教育は、まさしくこの心性を呼びおこす営みです。

3　モスクワ動物園の環境教育

動物園は、見学者が動物への親近感をもち、愛着をいだくようにするために、どのような努力をしているのでしょうか。モスクワ動物園を事例に考えてみようと思います。モスクワ動物園は当初から教育・啓蒙のためにつくられたとのことですから、かっこうの事例です。

モスクワ動物園は、足の便がよい市内中心部にあり、多くの市民に愛されています。年間来園者数は、約１５１万１０００人です。冬の来園者のほとんどは市民ですが、夏には内外から多くの観光客が訪れます。動物園の創設は１８６４年１月31日ですから、上野動物園よりも18年先輩ということになります。いうまでもなくロシアで最初の動物園で、２００４年にはモスクワ動物園１４０周年を記念して、分厚く立派な『モスクワ動物園』という書物が刊行されました。そこには動物園の歴史がくわしくつづられています。モスクワ動物園は、モスクワ市民とともに激動の19世紀から20世紀を生きぬき、いま１５０周年を迎えました。

さっそく動物園の概観を、アムールトラを主人公として見ていくことからはじめましょう。あわせて、アムールトラが動物園でどのように飼育されているかも紹介します。

アムールトラのジュピターと飼育員のイーゴリ

アムールトラのジュピターと感激の対面をはたしました。じつは以前モスクワ動物園を訪れながらも、ジュピターに会えなかったというくやしい記憶があります。トラ舎に着いたときには、ジュピターは放飼場から寝室に移動してしまった後だったのです。寝室からうなり声だけが聞こえてきました。そのとき、かならずまた来るからね、と心に誓ったのです。そしてようやく2011年に念願のご対面となりました。

同年9月、ジュピターは4歳で、約200キロの堂々たる体躯の精悍なオスでした。260キロくらいにはなる、とアムールトラの飼育員イーゴリ・イエゴーロフ氏はいいます。もう一頭のアムールトラは当時9歳のメスで、名前はプリンセス。彼女はヨーロッパ生まれのウクライナ育ちで、110キロと小ぶりながら、美しくやさしい面立ちでした。

ジュピターの両親は、モスクワ動物園にいます。といってもここではありません。動物園は、ここから約100キロ離れたヴォロコラムスク（モスクワ州）に100ヘクタールの飼育場をもっていて、そこで繁殖が行なわれます。2011年当時、その飼育場には、アムールトラのオスが1頭、メスが2頭、それに子どもの2頭が飼育されていました。ジュピターの両親は、かつては野生であったため、ジュピターの遺伝子はとてもとても貴重です。つぎに訪問した2015年には飼育場では、10頭飼育されていました。

ちなみに、アムールトラの繁殖は計画的なので、生まれた子どもの行き先はすでに決まっています。子トラの移送は生後7～8か月が一番よいそうです。麻酔薬やトランキライザーの服用を最小限に抑えられ、移動の際の動物個体への負担が少ないからです。

なお、ロシア全土の動物園に飼育されているアムールトラは合計して約50頭です。自然界から個体を得られなくなりつつあるいま、繁殖は、種の保存の観点から動物園の重要課題になっています。

イーゴリは、1977年からずっとアムールトラ、有蹄類（哺乳類のうち蹄をもったもの）、シロクマのゾーンを担当しています。獣医大学で動物学を専攻し、モスクワ動物園の飼育員になったそうです。愛情をもって育てることがいちばんだいじだ、とイーゴリはいいます。じつはイーゴリとジュピターの別れが近づいていました。ジュピターのチェコへの移送が決まっていたからです。イーゴリは彼との別れが寂しくてなりません。もちろんジュピターは別れを知るよしもないのですが、私と話すイーゴリの姿を放飼場のなかから目でずっと追いつづけていました。

イーゴリの朝いちばんの仕事は、動物たちの体調チェックです。動物の人への対応のありよう、起きあがり方、食事の仕方、糞を注意深く観察します。それから動物それぞれの目を見ます。ジュピターの餌は、主に牛肉だそうです。給餌のさいには、イーゴリが必要に応じて肉の脂肪をとったり、骨を抜いたり、切ったり、調整して、与えます。ジュピターたちの食欲を見て、与える部位を変えるのだそうです。トラの場合、アミノ酸の摂取に気をつかうとのことでした。健康ならば、ここのアムールトラは毎週月曜日に絶食します。

動物園で25歳まで生きた長寿のアムールトラがいる、とイーゴリから聞きました。とはいえ、アムールトラは、18歳以上になると、病気がちになるので、メディカルチェックを入念に行なっています。

アムールトラの放飼場は広く、滝があり、滝から落ちた水は流れをつくり、池に注いでいます。木陰があり、東屋風の場所もこしらえてあります。起伏があり、トラの身を隠すところもあって、たいそう自然な心地よいしつらえになっていました。アムールトラは泳げるといっても、腹を水につける程度の水浴が好みですから、池の水位が深くなりすぎないようにと、安全対策もおこたりません。

円形ドーム状の猛獣舎の中心部が寝室ゾーンになっています。日本では動物園によっては、開園時間内なら寝室も見学させますが、モスクワ動物園では、猛獣舎の寝室エリアは見せません。

特別に寝室エリアにいれてもらいました。まず、驚いたことに、汚物などの臭いがなく、このうえなく衛生的でした。床はコンクリートで、通路は狭く、トラの個室寝室やクマの寝室が並んでいます。クマの冬眠場所もこしらえてありました。冬眠の時期になったら、暗くして、温度を下げ、わらを敷きます。週に1回だけ水分を補給するとのこと。自然界ではクマは雪から水分を摂取しますが、それに代わる措置です。

寝室の檻には人止め柵がないので、檻のそばを人が通れば、トラは檻から手を出して通りすがりの人を引きよせることもできます。プリンセスは、檻の鉄格子に近づき、イーゴリにすりよって甘えます。ジュピターは、寝室への入り口から顔をのぞかせ、イーゴリに近づきたいのですが、私がいるのでためらっています。放飼場から寝室への入り口がふさがるほどの大きな立派な顔と、注意深さとのコントラストが、なんともほほえましい限りでした。

クマの檻の前で手ぶりを交えて話したら、クマには、私が飼育員のイーゴリに危害を加えようとしているように見えたらしく、イーゴリを守ろうと、いきなり格子ぞいに仁王立ちになったのには驚きました。飼育員と動物との絆の強さを感じた一瞬でした。

もう一人の女性飼育員によれば、ヒョウは人間になつかないが、トラはなつくとのことです。通路に誤ってネコが入ってもトラは何もしない。コヨーテならば、すぐに殺してしまうというのに。トラは、気がやさしくて、力持ち、といったところでしょうか。アムールトラはともかく鷹揚なのです。

動物園の役割としての教育

それでは、そろそろ話を本章のテーマ、動物を愛おしむ気持ちや動物への関心を育む環境教育にむけたいと思います。モスクワ動物園には教育部があります。専門スタッフは15人で、その他調教師など8人が加わります。教育部の部長に動物園の教育活動についてききました。

教育部は、動物学者と教師からなり、教育プログラムの開発、教材開発、授業、引率、出前授業など、多様な活動を展開しているそうです。そこで園内の教育関連施設を見学しました。教育センターがあり、多目的ホールや講義室も備わっていました。子どもがふれあえる小動物や昆虫が飼育・展示されている場所もあります。

動物園の最重要目的は二つ、自然保護と教育・啓蒙です、と教育部長は静かな口調ながらもきっぱりと指摘しました。

つづけて部長は、まず、動物の展示では、来園者が動物への親近感を抱くように気をつ

モスクワ動物園の環境教育プログラムでの子どもたちの作品
撮影＝曽根直子

かい、できるだけ多様な人がアクセスできるようにする、と述べました。多くの人びとに関心をもってもらうために、イベントにも積極的にとりくんでいます。たとえば、「トラの日」の催し物。子どもから大人までを対象に、パネルをつくって、トラの生息地の状況を説明し、トラがなぜ減少しているかを伝えます。モニタリング機器の説明も行ないます。説明には動物園所属の子どもクラブも参加するそうです。

こうしたいささか学術的なとりくみばかりではありません。「トラの日」には、賞金つきのゲーム、ぬいぐるみ、参加者のフェイス・ペイント、パレード、仮装行列などのトラを題材にした盛りだくさんの企画によって、子どもからおとなまで大いに盛りあがります。こうして、多くの人びとにアムールトラへの関心や親近感が自然に育まれるように、楽しいイベントを演出します。と同時に、自然界のトラがおかれている厳しい実状も伝えるのです。

先に動物園所属クラブの子どもたちが説明に協力すると述べましたが、動物園には伝統的な子どもクラブがあります。若い動物園生物学者クラブです。この組織は早くもソ連邦の初期１９２４年に誕生しました。参加者は7歳から10歳の子どもたちです。

動物園の教育プログラムには年間単位の社会科見学コースがあります。1年間に5回から7回、子どもたちが動物園を訪問します。動物園側は、毎回テーマを変え、見学内容を充実させます。動物飼育の裏方を見学させたり、獣医の仕事を見せたりもします。そのうえで、活動型の学習を組みこみます。たとえば、子どもたちが「私の動物園」という企画をたて、年間を通じて見たこと、学んだことを、動物の立場に立って、同時に、飼育にかかわる人や見学者の気持ちもふまえて、理想の動物園構想としてまとめるのです。とても面白そうですね。動物園のロゴづくりといった創造的な活動にもとりくみます。

教育プログラムは来園者の年齢にあわせてさまざまにつくられています。就学前児童は、たとえば、30分もかけてカタツムリをゆっくり見学します。来園者の50パーセントは低学年ですが、高学年になると、独自の興味をもって自発的に動物園にやってくる者もいるそうです。動物園の見学と学習が、生徒の関心をいっそう深め、専門的な興味が育っていきます。

動物が人の育ちに役立ち、人の治療を助ける

これまで人間が動物を保護するという側面を中心に見てきましたが、動物が人間の育ちや治療に役立つという側面もあり、その側面を動物園は活用しています。そこで、動物がどのように人間に役立つかを少し紹介します。

この側面は、人間と動物との接触が生みだす特有の力への注目から生まれました。そこから動物介在活動（Animal-assisted Activity）や動物介在療法（Animal-assisted Therapy）が登場したのです。動物介在活動は、人が動物とのふれあいを楽しむ活動です。動物介在療法は、医師による治療目的のもとに計画される動物とのふれあいです。

ネコやイヌをなでていると、気持ちがほっこりしませんか。こうした経験は多くの人がもっていると思います。この気持ちのやすらぎを利用したのがアニマル・セラピーで、それは動物介在療法と動物介在活動をあわせもつ概念です。レクリエーションでもあり、補助医療でもあります。

どのような動物がセラピーに向いているかといえば、イヌ、ネコ、ウマといった人間とのかかわりの歴史が長い動物ということになります。中高年の健康という観点から注目されているのが、乗馬です。乗馬は血液中の乳酸値と総コレステロール濃度を低下させ、リラックスさせる、といわれ（太田光明、前掲書、269—270ページ）、心臓疾患患者、糖尿

病患者などの成人病の予防や治療に有効とされています（太田、前掲書、270ページ）。動物たちの協力の成果も報告されています。たとえば、高齢者の施設に、イヌなどのペットとボランティアが派遣され、高齢者がこれらの動物にふれると、失われた笑みがもどることもある、といわれています。

小児の精神疾患にも動物介在療法が試みられています。この年齢期の子どもには動物への自然な興味があり、動物介在療法が児童の発達障害の治療に効果をあげる可能性があるそうです。

動物介在療法と動物介在活動に参加する動物は、ふつう家畜やペットで、人間に従順な、比較的おとなしい動物ですが、ニューヨークのある施設では、捨てられ拾われたさまざまな動物が、虐待された子どもたちの心のケアに当たっていて、その協力動物には、家畜、ペットばかりでなく野生動物も含まれている、といいます（横山章光〔2008〕「医療と動物との関わり―アニマル・セラピー」林良博・森裕司・秋篠宮文仁・池谷和信・奥野卓司編『ヒトと動物の関係学　第3巻　ペットと社会』岩波書店、207―208ページ）。

話をモスクワ動物園に戻しましょう。動物が人間に役立つ側面も、モスクワ動物園は活用しています。たとえば、入院中の子どもたちのために、訓練されたウサギなどを連れて病院を訪問し、動物とふれあうチャンスをつくる動物介在活動を行なっています。

アニマル・セラピーも実施していて、ネコ、カメ、ネズミなどに実際にふれさせる部屋が、動物園内には設けられています。ダウン症などの子どもの治療に効果があるといいます。視覚障がい者も、動物にふれることができるように配慮されていました。

モスクワ動物園の環境教育

各教育プログラムには、かならず教師への手引書がついています。プログラムのひとつ、夢の動物園構想「私たちが造る動物園」にも、「教師あるいはサークルの指導者へ」というメッセージがついていました。それは、動物園による教育の特徴を示しているので、一部を紹介します。

「夢の動物園を創造するためには、動物園の日常を知らなくてはなりませんし、なぜ動物園が現代人に必要なのかもわからなくてはなりません。私たちができることといえば、皆さんが、生物学について、動物そのものについて、その行動について、自然界でのその生態についてわかるようにするばかりでなく、動物園のさまざまな部署がどのように組み立てられ、どのように動物を飼育しているか、給餌し、治療しているか、わたくしたちがどのように動物を絶滅から救っているかをも理解するように、助けることです」。

モスクワ動物園の教育は、動物への愛着を育て、生物学や動物学の知識を提供するばかりでなく、動物とのかかわり方についての理解をもうながしています。ここが動物園での教育のだいじな特徴です。

動物園側は、実際の生きた動物にふれるといった体験学習や見学によって、しかもゆっくりじっくり見学させることで、見学者に動物への親近感や愛着を育み、そのうえ、自然環境の多様性に応じてさまざまな動物が存在するという生物多様性を実感させます。しかも、人間と自然との関係が不調和であることの証拠にほかならない絶滅危惧種に対しても注意をうながし、動物種の絶滅をくい止めるための活動をも示しています。

モスクワ動物園の教育部は、もちろん、レクリエーションも活用して、動物好きを育て、動物学への関心をも育んでいます。また、絶滅危惧種を生みだすという環境問題に向きあう学びをつくりだしていることも見逃せません。

具体的なプログラムを、章末でコラムとして紹介します。

動物園の研究活動が野生動物を救う

すでに、モスクワ動物園の重要課題が自然保護と教育・啓蒙であることは紹介しましたが、ここでちょっとだけ横道にそれ、自然保護について、動物園の研究活動という側面からお話しします。もちろん、野生動物の飼育、野生動物の保護、繁殖は、いずれも自然保護そのものですが、そのほかに動物園は研究活動にもとりくんでいて、その成果が自然保護に役だっているのです。

動物園では、飼育動物の糞のデータ、足跡のデータ、血液サンプル、投薬の適量をめぐるデータなどを収集します。これらの情報は、動物の生態研究や野生動物の生息地調査に大いに役立ちます。さらに、いうまでもなく、動物の治療にも欠かせません。動物園が蓄積したデータのおかげで、野生動物の生息地で活躍する獣医は動物を的確に扱うことができるのです。またこうしたデータの提供という点で、ロシアはイギリスと協力関係を結ぶなど、国際協力が行なわれてもいるのです。

4 アムールトラを題材にした学び

本章の最初で、問いを二つ立てました。ひとつは、なぜ、生徒たちはアムールトラの救命に夢中になれたのか。この問いには、環境教育の観点から答えました。もうひとつの問いは、なぜハバロフスクの市民たちは生徒たちに協力し、それぞれにジョーリックのためになることをしたのか、です。生徒の熱意に共鳴するプロセスについてはふれましたが、市民をジョーリックの救命活動へとうながしたのは、それだけでしょうか。市民の生活環境もかかわっているのではないでしょうか。
そこで、アムールトラへの関心や親近感が育まれるかもしれない公的な機関をたずねてみました。博物館と動物園です。

ハバロフスク地方郷土博物館

実物大の巨大なマンモスが迎えてくれるのが、ハバロフスク市にあるグロジェコフ記念ハバロフスク地方郷土博物館です。

２００８年にオープンした新館は、テーマごとに子どもたちが学習しやすいように工夫されています。２階の体験学習用の広いスペースには、アムール川流域に移り住んだ農民の実物大の住まいがしつらえられ、当時の生活道具も備えられていて、それらに手をふれることもできます。小学校１年生が、博物館学芸員の指導のもとで、移動民の入植時の生活を体験していました。子どもたちは楽しそうで、笑顔がたえません。

この博物館には、少数民族・先住民族の生活物資や衣装が数多く展示されていて、こうした人びとのくらしぶりを知ることができます。そのため、野生動物とともに生きてきた少数民族がどのようなまなざしで野生動物と向きあってきたか、どのように野生動物を神聖視してきたかなどを、肌で感じとることができます。

アムールトラとクマとの闘いを表わす剝製展示の前で、博物館の教育担当者は、「アムールトラの秘密」と題する話をしていました。どのような話かといえば、アムールトラは力は強いが心臓が弱いとか、風の方向を感知できるとか、清潔好きで泳げるとか、爪は脱皮して鋭くなるとかいったトラの生態についてでした。気づきにくい生態が語られていました。

さらに、トラの昔と今も説明されていました。かつてトラは神聖視され、狩りの対象にならなかったが、いまではたいそう厳しい状況に置かれている。まず、アムールトラは密猟の対象にされ、さらには、森林伐採によってイノシシやシカといった餌となる動物が減少し、生息環境は悪化している。種の保存が緊急の課題となってしまった事情がこのように説明されました。極東の自然とそこに生きる生きものたちがコンパクトに展示されている場所で聞くアムールトラの危機は、じつにリアリティに満ちています。

説明ではトラとクマにフォーカスがあたりがちなのは、トラとクマが極東でのシンボリックな野生動物の双璧だからでしょう。ちなみに、ハバロフスクの市章は、トラとクマとが向きあった絵柄です。

博物館や図書館（本章では具体的に説明しませんでした）の環境教育では、アムールトラへの親近感を呼びおこし、その生態を説明するばかりでなく、トラのすみかである森を護る必要性を知らせ、具体的に森を護り、森に生きる方法や知恵を教えます。森林火災が起こらないように、低学年の子どもたちを相手に、〈動物と生きる、森と生きる〉ための行動ルールが、対話形式で説明されていました。

ハバロフスク動物園

白樺林を抜けたアムール川沿いの小高いところに動物園はあります。川を渡る風が夏はさわやかですが、9月にはいるともう冷たく感じられます。動物園の正式名称は、フセヴォロト・シソーエフ記念プリアムールスキー動物園といいます。1911年生まれのシソーエフは、作家として有名で、代表作は、『黄金の虎　リーグマ』ですが、ほかにも、ロシア極東の自然とそこに生きる動物たちをめぐる物語をいくつも残しました。モスクワの畜産大学を卒業していて、探険家、狩猟学者、郷土研究家、地理学者としても知られています。シソーエフの作品の特徴は、彼が極東の自然と動物の生態を知りつくしているがゆえに、手にとるように動物たちの姿と動きがわかることです。動物間の闘いは息をのむような臨場感にあふれ、ときには衝撃的で、目をそむけたくなるようなシーンもあります。

2011年の訪問時、当動物園で飼育されていたアムールトラは、オスのバルハット、メスのリーグマとボーリャでしたが、残念ながら、その後ボーリャは亡くなりました。

動物園の教育活動について話してくれたのは、エレーナ・アセイドゥーリナ氏です。エレーナがこの動物園で働きはじめて10年が過ぎていました。彼女は、ハバロフスクの大学で心理学を専攻し、卒業後、動物園で働くようになった当初は環境教育を担当していたそうです。エレーナは動物写真が得意で、アムールトラの写真が写真展で優勝したほどです。ハバロフスク動物園の写真集も出しています。彼女はこの写真集を存命中のシソーエフ氏に贈れたことを、ことのほか喜んでいました。ちなみにシソーエフ氏は99歳で亡くなりました。

エレーナはまっさきに、当動物園は校外教育・補充教育施設だ、と規定しました。動物園は、社会教育施設であるという明確な性格づけなのです。当然、学校と動物園とは連携をとりますし、動物園が学校から注文を受け、教育プログラムをつくることもあります。学校から生徒たちが動物園に来ることもあれば、動物園側が出前授業に行くこともあるのです。

アムールトラを題材にした教育活動はどのように行なうのでしょうか。彼女は、まず、トラがほかの動物とどのようにちがうかを説明するといいます。トラのしまもようは、ひとつとして同じものがないことや、ネコ科の動物がどのように研究されているかなども紹介するそうです。

動物園が飼育しているバルハットの足跡のレリーフをつくり、それを使って、足の裏のどこを計測するとか、どのようにオス、メスの区別や年齢を知るかなど、モニタリングの方法を説明します。スチールカメラによるモニタリング、センサーつきモニター、衛星からのデータなど、最新のモニタリング機器と技術の話もするといいますから、聞き手も最新技術に接し、ワクワクすることでしょう。

なぜ、アムールトラは保護されなくてはならない動物になったのか。アムールトラをどのように保護したらいいか。こういった深刻なテーマについても問題提起し、解説するそうです。

エレーナがいちばんだいじにしているのは、どうすればトラと人間が共存できるか、です。この共存の可能性を、学習者と一緒に考え、人間とトラがともに生きるためのルールを話しあう、といいます。

そのさいには、DVDを使うこともあるそうです。エレーナが紹介してくれたのは、地元テレビ局が製作したDVD作品でした。そのテーマは、野生動物リハビリ施設に保護されたトラは自然界にもどれるか。作品の内容は、こうです。2頭のトラが冬に飢えのあまり犬をねらい、人間に捕らえられます。トラたちは保護され、冬をリハビリ施設で過ごし、春に自然界にもどされることになりました。トラにはモニタリング用の首輪が着けられ、

２頭は森に放されました。しかし１頭は自然界に帰った直後、再び村に近づいたため、ハンターによって射殺されてしまいます。もう１頭のメスのトラは、村にも近づかずに１年間生きのび、幸いにもオスのトラとめぐりあいました。製作者たちはほっとしてもうだいじょうぶだと判断し、ＤＶＤの編集作業にはいったそうです。ところが、その途端、モニターの信号が途絶えました。捜索したところ、川の下流でこのトラが装着していた首輪だけが発見されました。トラは密猟者の餌食になってしまったのです。

ＤＶＤの内容は悲しすぎますが、トラが生きのびるのはどんなにむずかしいかがひしひしと伝わってきます。

エレーナはいいます。人間のほうが変わらなければ、アムールトラと人間との共存はむずかしい、と。彼女は、動物をたいせつにする気持ちを、多くの人びととシェアーしたいのです。

なお、ハバロフスク動物園にも、青少年自然科学者クラブがあります。参加者は、３年間、動物園に週１回通い、かなり体系的な学習を積みます。各回の学習活動は２時間で、各年のコースは９月から翌年の３～４月まで。人数は毎年約15人。学校教育では極東の自然についての学習には、６時間しか割りふられず、けっして十分とはいえないので、３年間のコース学習は、この不十分さを補ってもくれます。

さらに、成人教育も実施しています。たとえば、WWF（世界自然保護基金）のスタッフの協力を得て、教師のためのセミナーが開かれました。内容をたずねれば、自然保護のために子どもたちに何ができるか、チョウセンゴヨウマツを護ることがどうして動物を護ることになるのか、などといった問題を扱ったそうです。

なお、ハバロフスク動物園でもアニマル・セラピーを実施し、効果をあげたと聞きました。保護者がいない子どもたちや、保護者が子育てを放棄したために寄辺のない子どもたちなどが保護されている施設が、動物園の近くにあり、この施設の子どもたちが、毎週1回動物園に来て、動物園の作業を手伝っていたそうです。作業とは、掃除、ペンキ塗り、グラフィックの制作、草刈り、夏の枝集め、秋のナッツ集めなどです。

はじめは心を閉ざし、コミュニケーションがとれない子どもたちのなかには、説明中に、動物にものを投げるものもいた、といいます。しかし、だんだんと子どもたちに変化が起こりました。仕事を手伝った子どもたちは、飼育員から「ありがとう」といわれ、しだいに誰かのためになっているという意識を抱くようになりました。子どもたちは徐々に動物園スタッフの一員という気持ちをもちはじめ、態度も変わり、礼儀もよくなり、愛着をもつ動物もできはじめました。こうした子どもの一人が、獣医専門短期大学への進学を目指しました。3年間の勉強の後、ここハバロフスク動物園に実習に来たそうです。こう話すエレーナはとてもうれしそうでした。

街の空気に溶けこんでいるアムールトラ

アムールトラに対してよりいっそう愛着がわくような学びの機会や、アムールトラが種としての存続の危機にあることを学ぶ機会が、いろいろつくられていることが、おわかりいただけたでしょうか。でも、子どもとおとなをジョーリックの救命活動へといざなったのは、これだけではないような気がします。調査と見学を続けるなかで気づいたのですが、アムールトラがハバロフスクという街の空気に溶けこんでいるのです。

どういうことかをお話しするまえに、これまで述べてきたことを整理してみましょう。ハバロフスク市の学校も、動物園も、博物館もトラを題材にした環境教育に熱心です。ようするに、学校というフォーマル教育にも、博物館や動物園のノンフォーマル教育にも自然保護やアムールトラ保護のベクトルがしっかりと貫かれていました。

さらに、ハバロフスク市では、「トラの日」(9月最終日曜日)のイベントが実施されます。「トラの日」には、人びとはトラの仮装をしたり、トラにゆかりのゲームをしたりして大いに楽しみます。モスクワ動物園のところでふれたように、ハバロフスク市でも、市民はトラを題材にした各種のイベントでおもいっきり楽しみます。

さらに、さらに、特別なイベントばかりではなく、街には日常的にトラを護ろうといった趣旨の映像が流れています。ショッピング・センターや広場のスクリーンにアムールトラが大きく映しだされます。州や市のエンブレムにはトラが描かれ、エコロジー・センターの活動のシンボル・マークもトラです。

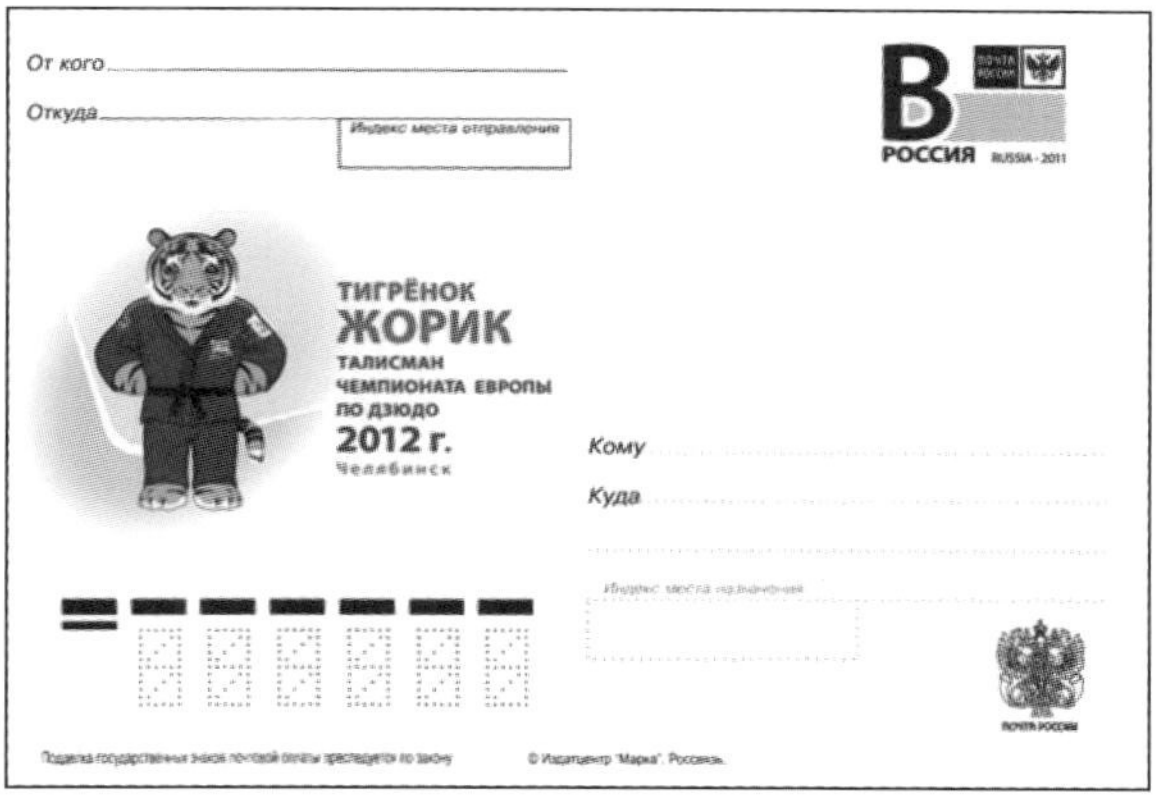

2012年世界柔道選手権のマスコット・ジョーリックがデザインされた郵便ハガキ・封筒

　こうして人びとは、トラの存在を身近に感じ、生活しています。トラへの愛着が自然に呼びおこされるような雰囲気が、イベントやお祭りといった非日常ばかりでなく、街の日常のなかにも浸透しているのです。いうなれば、インフォーマル人間形成作用もトラと人間との共存を当たり前と感ずる空気をもたらしています。

　「市の魅力は何ですか」というハバロフスク市民へのアンケート調査でアムールトラが第1位に輝いたのも決して不思議ではありません。

　ジョーリックを救った市民力は、ギムナジアの生徒たちによって呼びおこされましたが、市民が生徒たちの呼びかけに応じたのは、なぜでしょうか。それは、ノンフォーマル教育によって、さらには街に溶けこんだアムールトラへの愛着の空気によって、トラとともに生きるという想いが通奏低音（バロック音楽における伴奏形態で、伴奏楽器が絶えず低音の旋律を演奏しつづけるためについた音楽用語）として市民の心の底に流れ、生徒たちの働きかけによって市民一人ひとりが和音を奏でたのではないか、と思います。

コラム　モスクワ動物園の教育プログラム

7歳から10歳の子どもを対象とした4年間の教育プログラムを紹介しましょう。そこでは自然観察、動物の世話、スライド学習などが組みあわされています。たとえば、観察を1時間30分行なったら、30分は動物の世話、スライド鑑賞を30分という具合です。

テーマは、毎年変わります。テーマの例をあげると、次のようになります。物語に出てくる動物と本物の動物とを比べる。旅する動物として、渡り鳥などの移動動物をとりあげる。ここでは地理学の要素も入れて、地球儀で場所をチェックします。

3年目ともなると、動物地理学を援用し、海の動物や山の動物を学びます。砂漠にすむ動物について調べ、生息地によって動物はどのような特徴を帯びることになるかを考えるなど、学習者の想像力を刺激します。

4年目は、体系的な認識を育みます。たとえば、哺乳類や鳥類について。学校教育とは異なり、いつでもテーマを自由に補充できるようになっています。

動物園は、このほかに学校にも教育プログラムを提供しています。動物園が開発したプログラムのいくつかを学校に提示し、学校側が選べるようになっています。

提供されたプログラムを2、3紹介しましょう。

2010年から2011年にかけての教育年度のプログラム「動物園を知ろう」は、初等教育（1年生から4年生）向けで、1クラス30人未満の設定になっています。

プログラム内容は次の通りです。

1　動物園の古いゾーンの見学（9月～10月）
2　動物園の新しいゾーンの見学（9月～10月）
3　「家畜とその野生の祖先」に関連した見学と動物とのふれあい（9月～10月あるいは4月）
4　人間に慣れた動物展示を伴う話し合い（教育センターの講義室）（10月～3月）
5　希少種水族館［および猛獣舎］の見学（10月～4月）
6　鳥類館とゾウ館の見学（10月～4月）
7　両生類・爬虫類館の見学（10月～4月）
8　類人猿館の見学（10月～4月）

モスクワ動物園は、大グルジア通りをはさんで、ゾウ館や鳥類館などがある古いゾーンと「動物の島」（猛獣舎）などのある新しいゾーンとからなり、見学者は歩道橋をつかってゾーン間を行き来できるようになっています。

「動物園での動物学の学習」は、2010年から2011年度の、7年生（日本の中学1年生）のためのプログラムで、30人未満のグループでの学習です。

1 動物園についての概要説明と見学「無脊椎動物」
2 見学「水生の無脊椎動物と魚類」
3 見学「両棲類と爬虫類」（両棲類と爬虫類館の展示見学）
4 見学「多様な鳥たち」（古いゾーンと鳥類館）、多様な哺乳類の見学
5 古いゾーンとパビリオン見学（夜行性動物館、熱帯のネコ館、ゾウ館）
6 新しいゾーンとパビリオン見学（アフリカの有蹄類、類人猿館）

もう一つ紹介しましょう。

「私たちがつくる動物園」は、２００６年から２００７年度のプログラムで、30人未満のグループ学習です。

1 概説「動物園はなぜ必要か」（講義室）、見学「地球上のさまざまな自然環境に生きる動物たち」（秋）
2 見学「絶滅危惧種」（新しいゾーンとパビリオン）（秋）
3 見学「動物園の来園者が見ないもの」（小動物の観察・研究用飼育舎と動物園の実験室）（夏）
4 動物園のさまざまな部署で働く人びとと会い、世界の動物園のビデオや資料を見る。（講義室）（夏、春）
5 まとめ（生徒たちが自分の作った案をプレゼンする。討論。表彰）（春）

参考文献

太田光明（2008年）「広がる可能性—介護・探査・救援」林良博・森裕司・秋篠宮文仁・池谷和信・奥野卓司編『ヒトと動物の関係学　第3巻　ペットと社会』岩波書店
フセヴォロト・シソーエフ（2001年）『黄金の虎　リーグマ』岡田和也訳、パブリーシン絵、新読書社
アンドリュー・ドブソン（2006年）『シチズンシップと環境』福士正博・桑田学訳、日本経済評論社
養老孟子司会・的場美芳子（2008年）「動物は自然—ペットからコンパニオンアニマルへ」林良博・森裕司・秋篠宮文仁・池谷和信・奥野卓司編『ヒトと動物の関係学　第3巻　ペットと社会』岩波書店
横山章光（2008年）「医療と動物の関わり—アニマル・セラピー」林良博・森裕司・秋篠宮文仁・池谷和信・奥野卓司編『ヒトと動物の関係学　第3巻　ペットと社会』岩波書店
Wilson, Edward O. / Stephen R. Kellert 1993, *The Biophilia Hypothesis*, Island Press
Московский зоологический парк: к 140-летию со дня основания. Страницы истории под редакцией Л. В. Егоровой, 2004, Москва, Эллис Лак 2000

第Ⅴ章　トラの明日が示す人間の未来

中国ではトラを百獣の王といいます。トラの頭上のしまもようが「王」の字にみえるからです。アムールトラは堂々としていて、優雅です。それでいて、研ぎすまされた感覚をもち、鋭敏で、しまもようは波打つ生気を感じさせます。眼力は射抜くような迫力です。トラは、まぎれもなく王の名にふさわしい動物です。

とはいえ、極東で最強のアムールトラも、絶滅への道を歩んでいます。しかも、あろうことか、トラの亜種はいずれも絶滅危惧亜種か近絶滅亜種です。すでに絶滅した亜種もあります。現在、トラは世界中で３５００から５１００頭しか生存していません。かつて20世紀初頭には10万頭が生きていたというのに。なんという減り方でしょうか。驚くばかりです。

どうしてトラは絶滅への道を歩むようになったのでしょうか。その理由を整理してみましょう。

理由の整理の前に、トラ以外の動物たちは減少していないかどうか調べてみましょう。恐ろしいことに、絶滅危惧種はトラばかりではないのです。なんと地球上では日々猛烈なスピードで絶滅危惧種と絶滅種がつくりだされています。現在、年間で約4万から5万種が絶滅しています。熱帯雨林では、森林が消失したために、1日に74種の生物が絶滅しているといわれています。現在の絶滅の特徴は、ひとつには絶滅速度の圧倒的な速さです。地球の歴史上、ある種の動物が絶滅することはありました。たとえば、恐竜です。でも、現在は、恐竜の絶滅時よりも絶滅スピードがあまりにも速い。もうひとつの特徴は、人間によって引きおこされているということです。ＷＷＦ（World Wild Fund for Nature 世界自然保護基金）のデータによれば、その速さは、人間が関与しない状態で生物が絶滅する場合の、１０００倍から1万倍だといわれています。

生きものたちが子孫を残せないような地球環境は、どうみてもおかしい。絶体絶命の地球環境についても考えてみましょう。

こうした大きな絵を描いたうえで、私たちに何ができるか、考えてみます。アムールトラを救うために、地球環境の悪化をなんとかストップさせるために。

1　トラの生きにくさ

その1　孤高の動物であること

まず、トラは生き上手ではなかったし、いまもうまくはない、ということです。トラの生態は種の保存にとって都合がいいとはいえないようです。トラは群れをつくらないので、餌のシェアーという助けあいは行ないません。1頭で闘いをいどみます。狩りでケガをして獲物をとれなくなれば、それは即、死を意味します。

また、群れをつくらないから、個体間に階層的な上下関係はありません。一頭一頭が孤高の生きものです。その生き方はいさぎよいとはいえ、種の保存の観点からいえば不器用としかいいようがありません。

それでも、アムールトラはアムールトラで、それなりに工夫しているようです。母親トラは自分の出産がむずかしい年齢になると、テリトリーを娘のトラに譲るか、シェアーするといわれています。また、トラの亜種によっては、繁殖行為を急ぐあまり、オスは子育て中のメスの子どもを、自分の子どもでなければ殺すとされますが、研究者の最新調査によれば、アムールトラは子トラを殺さないそうです。

その2　美しさと強さのゆえに

トラが抱えている、より大きな生きにくさ、それは美しさです。加えて、強さもまた仇《あだ》となります。豪華な毛皮は、富と権力の象徴になりますし、身体の各部位は伝統的に薬剤として珍重されてきました。トラのほぼ全身が漢方薬の原料となるのです。つまり、トラはまるごと、人間の欲求に応える、ことのほか魅力的な生きものといえましょう。ほしがる人がいるならば、当然、それに応えて金儲けしようという者が現れる。だから、密猟者は跡を絶たないのです。

かつては先住民がアムールトラを神聖視し、保護してきました。狩猟採取を生業にする先住民は、狩猟や採取の対象を根絶やしにはしません。根こそぎ利用しつくせば、それは自分たちの生活基盤の破壊につながるからです。とりすぎを戒める社会規範がつくりだされ、人間と動物と植物とのあいだに調和が保たれるようにする生活の知恵、その生活スタイルをよしとするスピリチュアリティ（精神性）が、先住民のあいだに育まれてきました。

こうして、人間も肉食獣も草食獣も、森林の樹木も草もコケも、それぞれ子孫を残し、絶滅せずに、種として保存されてきたのです。こうした相互関係の維持によって、極東の森林地帯にはまれにみる豊かな生物多様性が保存されてきました。

でも、近代科学は、こうした先住民の思想や規範を因習として否定しました。近代科学を身につけた人びとはそれらの規範にとらわれなくなり、自由になったのですが、そのかわり外部者によるトラ殺しにも歯止めがかからなくなってしまったわけです。

そこで、歯止めとして、稀少動植物の国際的な取引を規制するワシントン条約(1973年)がつくられました。先住民の規範にかわって、条約でトラを護ろうというのです。しかし、この条約そのものには罰則規定がなく、加盟国がそれぞれ運用のための独自の法律制定を行なっています。

トラの絶滅危惧種への道をひらいた事情としては、ハンティングも一役買いました。ベンガルトラの生息地であるインドでは、植民地時代に上流階級の人びとやイギリス人がトラ狩りに熱中しました。毛皮のための猟だけでなく、スポーツとされるトラ殺しがトラの個体数を減少させていったのです。

その3　居場所を奪われて

トラの致命的な生きにくさの原因《もと》は、居場所にあります。トラの亜種はおおむね森林地帯に生息しています。これが生きにくさに直結するのです。森林は、近代化とともに人間の開発欲求のターゲットにされ、木材や紙の原料として、また、プランテーション開発のために、つぎつぎと伐採されていきました。

森林開発というとなにか「進歩」を連想させ、歓迎されがちですが、視点を変えれば、それは樹木が伐採され、そこに生きていた動物や植物たちが生きにくくなり、絶滅する可能性が生みだされるということです。

ロシアのタイガ（針葉樹林帯）は、飛行機からながめれば、無尽蔵に見え、まことに壮観です。しかし、じつは傷んでいる。もちろん、落雷などの自然災害もありますが、多くは、人間の手による乱伐のためです。一見すると、太古の昔からはてしなく広がる深い森は、実際には乱伐によって蝕まれており、そのことを物語るのが、絶滅危惧種や絶滅種の増加にほかなりません。種の存続がむずかしい動植物の数の増加によってはじめて、痛めつけられた森のあげる悲鳴に気づかされるのです。

トラの生息地の森林は、開発によって激減しました。100年間で生息区域の90パーセントが失われた、といいます。トラ激減の根本的な原因は、トラたちが人間の開発欲求のターゲットになる森林地帯に生きているということです。これが、種の保存にとって致命的なのです。亜寒帯の森林に暮らすアムールトラは、絶滅危惧亜種になり、熱帯雨林に生息するスマトラトラは近絶滅亜種になってしまいました。ジャワトラにいたっては、熱帯雨林の減少によって絶滅しました。

2　トラが知らせる人間の未来

自然環境の健康状態を教えるトラたち

トラが絶滅の危機に瀕するのは、端的にいって、森林が減少しているからです。生きにくくなっているのはトラだけではありません。森林の危機によって、生きものの多くが生きにくくなり、種として保存されにくくなっているのです。この状況を説明しましょう。

森林で暮らす生きものたちは、「捕食する」（消費する）と「捕食される」（消費される）という関係にあります。ありていにいえば、食うか食われるかです。この捕食する・されるという関係によって動物と植物は種として保存され、子孫を残します（食物連鎖）。森林に草が生えるから、それを草食動物が食べる。木の実や若芽や葉を大小の草食動物が消費する。その草食動物を肉食動物が狩りをして食べるのです。大型肉食動物が大小の肉食・雑食動物や草食動物を消費します。おそらく人間が介在しなければ、この捕食するものと捕食されるものとのバランスはほとんど崩れない。

トラが生息していれば、シカなどの草食動物を捕食して命をつなぐので、草食動物が増えすぎず、そのため植物相が護られます。こうして、エコ・システム（生態系）が保存され、生物多様性が維持されるのです。トラの狩りの成功率はさほど高くないので、シカやイノシシが食いつくされることは決してありません。

アムールトラが、狩りができなくなって、テリトリーから消えれば、オオカミがそこにはいってくる場合もあります。オオカミは群れをなすので、イノシシやシカを大量に捕食します。そのため生態系のバランスが崩れます。オオカミが侵入してこなくても、トラがいなくなると、イノシシやシカが増えすぎて、森林そのものを傷めてしまいます。すると、イノシシたちはときには森を出て、周辺の農地を荒らすこともあるのです。

捕食関係にあって高次のもの、いわば食物連鎖のトップにあるものは、低次の捕食関係が順調でないと、生きにくいのです。トップにあるから強いように見えますが、実際は多くの生きものたちの「捕食する」と「捕食される」といういくつもの連鎖に頼っているわけです。樹木が伐採され、土地が荒れれば、草食動物が消費する草も葉も木の実も減る。そうなると、草食動物も雑食の小中動物も生きにくくなる。そうした動物たちが減少すると、それらを捕食していた大型の肉食動物はますます生きにくくなるのです。

つまり、アムールトラは、樹木、草、草食動物、雑食動物、肉食動物がみんな元気に生息し、どれも子孫を残している場合にはじめて、生きのびられるというわけです。トラは、多くの生きものたちに依存して、種として保存されます。

だから、アムールトラは、森のエコ・システムが順調に機能しているかどうかを測る指標となっています。トラの危機は、このエコ・システムの危機でもあります。つまり、野生の生きものたちの命の連鎖が乱れ、エコ・システムに異常が生じていないかどうかを、アムールトラの生息数が教えてくれているのです。

地球温暖化と森林破壊

いまではヒトが捕食されることはほとんどありません。この地球上で最強の捕食者、それがヒトです。つまり、ヒトはヒトよりも低次の捕食者のすべてに依存して生きているということになります。「捕食する」と「捕食される」といういくつもの関係が順調に維持されていて、はじめてヒトは生存できるということなのです。

そう考えると、事態の深刻さがじわっと感じられますね。絶滅危惧種あるいは近絶滅種、さらには絶滅種が増加するという事態をこのまま放っておけば、いずれは人間の生活と生存にも影響が現れるということです。

どのような影響が考えられるでしょうか。まず、地球温暖化です。極東の森林が乱伐されれば、トラが生きられなくなるだけでなく、地球の温暖化が加速します。その意味で、ロシア極東の森林は、極東やロシアという地域・国家の持続と安定を支える「社会的共通資本」（社会的に管理され、そこから生みだされる財やサービスが社会的に配分される資源のストック＝

宇沢弘文）にとどまらず、地球上に生きるヒトという種のすべての生活の安定にもかかわるグローバルな共通資本なのです。

極東の亜寒帯の森林が伐採によって破壊されれば、地球温暖化という地球規模の環境問題の加速化につながります。なぜでしょうか。

森林の樹木は、炭酸同化作用を通して、地球温暖化の主な原因である大気中の二酸化炭素の蓄積をおさえるのです。その仕組みはこうです。緑色植物（樹木）は、光のエネルギーによって、二酸化炭素から糖類をつくりだし、酸素を発生させます。つまり、森林の樹木は、温暖化の原因のひとつである二酸化炭素を吸収し、酸素を放出するわけです。

ＩＰＣＣ（国連気候変動にかんする政府間パネル Intergovernmental Panel on Climate Change）の推計によれば、１８５０―１９９８年、２７００億炭素トンの二酸化炭素が放出されましたが、その約半分は、森林の消失や土地利用の転換によるものでした（宇沢弘文〔２０１５〕「社会的共通資本と森林コモンズの経済理論」宇沢弘文・関良基編『社会的共通資本としての森』東京大学出版会、20ページ）。

シベリアと極東の森林が破壊されると、温暖化の危機が増加するのは、以上の理由によるばかりではありません。森林伐採によって露出した地表は太陽熱であたたまり、極東地域の地下に広がる永久凍土が溶解します。すると、そこに閉じこめられていた二酸化チッソが放出されるのです。これは、二酸化炭素よりも温室効果力がはるかに高いので、温暖化はいっそう加速されるというわけです。

このように極東の森林が破壊されれば、二重に地球温暖化が加速し、地球環境は深刻な破壊へと向かいます。森林の保全はまさに有効な地球温暖化対策でもあるのです。

早い話、開発による森林破壊がまねくのは、トラという種の存続の危機ばかりではなく、世界中の人間の健康と安定した生活の危機でもあるのです。

「開発」という単語の威力はすさまじいですね。人びとは、この言葉にふれるとまるで頭脳が麻痺したかのように、判断停止に陥ってしまいます。「開発」はかならず豊かさをもたらすと信じこまされているからです。自然破壊をともなってもともなわなくても、「開発」は無条件に最優先される。「開発」は現代社会における一種の呪術ですね。近代科学が追い出したはずの呪術を、現代人が新たに生みだしました。それが、開発をあがめる新しい「宗教」(いわば「開発」教)です。

3　私たちにできること：アムールトラのために、地球環境のために

「開発」教に心を奪われると、人間は、「自然環境はたいせつだけれど」と前置きして、

平気で樹木を伐採し、トラを殺します。この暴挙がブーメラン（たとえば、地球温暖化）となって、自分自身を直撃しつつあるというのに。

人間と動物と植物との調和を目指す生き方をとりいれる―これがいまや待ったなしのグローバルな課題になっているといえるでしょう。ふつうの人びとの自然保護への気づかいが、アムールトラのためにも、ひいてはグローバル社会の共通資本である自然環境の保護のためにも、ことのほかたいせつになってきました。

アムールトラを救い、森林を護り、絶滅の危機に陥る動植物の数を減らすために、私たちに何ができるでしょうか。地球規模の課題となると、とても私たちの手に負えない世界のようで、無力感を感じてしまいかねません。でも、できることはあるはずです。身近な日常生活のなかに、私たちのできることを探してみましょう。

新しいかっこうよさを発信しよう

私たちは生活のためにさまざまな物を買います。この消費を考えると、動植物保護の気持ちを行動で表現するチャンスが、意外にも身近なところにいくつもあることに気づきます。

まずは、おしゃれ編から。ずばりいって、おしゃれのためだけなら毛皮を買わない。防寒着として毛皮を着ざるをえない地域に住んでいるわけではないなら、毛皮は着ない、買わない。

リアルファーを着ない運動は内外で展開されています。アメリカの有名な映画俳優アンジェリーナ・ジョリー氏やジョニー・デップ氏などがこの運動に参加しています。日本でも滝川クリステル氏などがリアルファーを着ないという毛皮反対宣言に加わっています。毛皮を売らないと表明するメーカーもあります。たとえば、エディー・バウアーやＧＡＰがそうです。日本のユニクロもそうですね。私たち一人ひとりもこの毛皮反対運動に参加し、毛皮の使用されたファッションは、極寒の地に生きる人びとでないかぎり、かっこうよくないという美意識を発信しましょう。

こうした一般の人びとのおしゃれ宣言がひたひたと広がり、社会を動かすかもしれません。その証拠に、いまやエコ・ファーが流行っているのです。以前は毛皮に見えるあたたかなコートやジャケットがフェイクファー（偽の毛皮）といわれ、販売されていましたが、いまでは偽の毛皮商品は、エコ・ファーと名を変え、人気を呼んでいます。

エコ・ファーはたしかに安く、扱いやすい。でもそれだけではありません。動物愛護から選ぶ人びとも多く、かっこういいから買うのです。高級ブランドのグッチも、２０１８年から本物の毛皮を使わないと宣言しました。美意識が、動物無視から動物愛護に変わりつつあるといってもいいでしょう。

同じように、トラの毛皮の敷物や壁飾りは、動物の命に無頓着な野蛮な殺害者の証であって、かっこう悪いとみる見方も徐々に広げましょう。

毛皮を用いた衣服や装飾品を買う人が減れば、密猟のうまみが徐々になくなりますから、野生動物はむやみに殺されずにすみます。毛皮用に劣悪な環境で飼育され、殺される動物たちもちょっとは少なくなるでしょう。不買運動が、動物保護に連なるかっこうよさの合意をつくりだすわけです。

ただし、生業としての狩猟をいけないというつもりはまったくありません。なぜなら、狩猟を職業とする人びとほど、動物をだいじにする人びとはいないからです。彼ら・彼女たちは、動物によって生かされているから、動物をむやみやたらに狩猟することは決してしないのです。

狩猟民ではありませんが、動物に生かされながら、動物を屠殺せざるをえない民族の生きざまを紹介しましょう。ロシアの極北の地に生活する民族チュクチは、トナカイの遊牧を生業としていますが、チュクチの全生活はトナカイによって成りたっています。防寒着、テント内の寝室を保温する毛皮、靴、ビタミンを補う血液などは、トナカイからもらうのです。だから、一頭一頭をだいじにする。一頭を生活のために屠殺したら、すべての部位をだいじに消費します。最後に残るのはこぶし大の骨。この骨は燃やして、御霊を天に戻します。

密猟を抑止する手立ては、いささか遠まわしでも手ごたえがありそうです。それに比べると、トラの生息地である森林保護は、少々厄介です。その理由は、「開発」と対峙し、大企業の企業戦略に抗することになるからです。

森林の保護には、たとえば、環境税という方策が有効かもしれません。「森林を伐採したときに、二酸化炭素の放出の増加に見合う炭素税をかける」（宇沢弘文〔２０１４〕『社会的共通資本』、岩波新書、２２８ページ）、というものです。国際的に公正でなくてはならないから、先進国での割合を高める比例的な炭素税にするべきですが、そうなると、先進諸国が猛反発するので、徹底的な具体化はむずかしいでしょう。

それでも小さな意思表示はできそうです。よりどころは認証マークです。少し説明します。適正な環境的社会的な管理がなされている森林は、国際的な森林管理協議会ＦＳＣ（Forest Stewardship Council）から森林管理認証を受けています。その認証された森林の木材を利用・加工する会社にはＣＯＣ（Chain of Custody：加工流通過程の管理）認証が与えられます。この二つの認証を得た木工製品には、ＦＳＣのロゴマークが付いているのです。

家具を買うときにはこのマークを探すという手があります。身近なところでは、あるメーカー(たとえば、ネピア)のテッシュペーパーの箱にもついています。このFSCのマークがついた製品を買うことが、森林保護の具体的な方法のひとつです。これなら誰にでもできますね。

それぞれの人が、動物・植物と人間との望ましいかかわりかたを自分で考え、望ましいありかたを行動で表現する。自然をたいせつにするというありかたがかっこういいとする共感者の輪が徐々に広がり、その結果、自然をだいじにしようという合意がつくられていくといいですね。

いままで述べてきたような個人的な努力では、壊滅的な環境破壊、たとえば、温暖化には手ぬるく、もはや手遅れだ、と思われるかもしれません。そうでしょうか。少なくとも「危機」を遅らせることはできます。温暖化対策は手遅れではないかとの問いに対して、元米副大統領で環境活動家のアル・ゴア氏は、つぎのように語りました。「手遅れではありません」。つづけて、温暖化による海面の「上昇する速度を遅らせることはできます。本当に壊滅的な環境破壊はまだ避けられる。温暖化対策は時間との闘いです」(朝日新聞、2017年11月18日)。

日常生活でここに書いたことにふれた合意形成が広がる一方で、もしも新たな自然破壊計画が立ちあがった場合には、小さな市民団体やグループから大きなNGOまでが手をつなぎあって連携の輪を広げ、国際的な保護団体をも巻きこみ、自然破壊をグローバルなネットワークによって囲いこみましょう。

トラを追い詰めたグローバルな市場経済化を逆手にとって、自然保護というカウンター・カルチャー（ここでは自然破壊に反対する対抗文化）のグローバルなネットワークをつくる。アムールトラの保護においても、森林の保護のためにも、このグローバルなネットワークの構築によって、自然破壊を防ぐ。成功事例については、少数民族ウデへの森林保護について述べた際にふれました。

動物の「声」を聴く

ここまでの「私たちにできること」は、動物好きを前提にしていますね。ここで、もう一度出発点にもどって、どうしたら動物好きになりはじめるかを考えてみます。すでにバイオフィリアについては触れ、動物園の話をしました。ここでは、日常生活でも、動物園でもどのように人間以外の生きものと向きあうか、どのように向きあえば、親近感がわいてきやすいかを考えてみましょう。

アメリカで動物の生存権と環境問題にとりくむマーク・ベコフは、動物とのつきあいは、

「実際にあるがままのものとして彼ら［動物］を見ること」からはじまる、とします。そうすれば、動物への畏敬の念がわいてくるというのです。「途方もない美しさに畏敬の念」がわき、そうなると、動物たちの生活をよりよいものにすることが、楽しみになるとも述べています（マーク・ベコフ〔２００５〕『動物の命は人間より軽いのか　世界最先端の動物保護思想』中央公論新社、１８５ページ）。

ある動物の美しさに感じいり、魅せられ、畏敬の念を抱けば、その動物の「声」に耳を傾けるようになり、その「声」を少しずつ理解すれば、動物たちの居心地のよいくらしのために何かしたくなる、というのです。

ベコフによれば、アメリカの先住民は「動物たちはすべて私たちの親戚だ」と強調するといいます（マーク・ベコフ、前掲書、24ページ）。人間中心主義、つまり、人間を中心にすえて物を見る考え方に立つのではなく、動物独自の見方に立って「ある特別な動物になるとはどういうことなのだろうか」と問いかけ、動物たちがもっている考えを受けとめようとします（マーク・ベコフ、前掲書、53ページ）。どうすればそのように受けとめられるのでしょうか。ベコフは、一般常識を使い、感情移入を行なうことを勧めています（ベコフ、前掲書、36ページ）。

ベコフのように、動物にとって最良の利益を考え、動物たちの代弁者になって発言することは、ふつうの人に簡単にできることではありません。でも、徐々に動物好きになれば、動物とのコミュニケーションを自然にとるようになるでしょう。人間のコミュニケーションは言葉に頼るけれど、動物は全身で気持ちを表現します。動物と動物とのあいだでも、人間とのあいだでも。たとえば、瞳で、シッポで、さまざまな鳴き声で、足で、手で、毛並みで。人間が想像力を働かせれば、動物の「声」が聞こえてきます。うれしいのか、怖いのか、苦しいのか、伝わってきます。要はこの「声」を聞けるかどうかですね。想像力を解きはなち、感性を研ぎすます。これです。

そうすると、どういう声が聞こえるのか、探ってみました。

日本画家の竹内栖鳳《せいほう》の「斑猫」はあまりに有名ですが、画家に向けられた青い瞳にはネコの静かな、しかし鋭く澄んだ注意深さが宿っています。栖鳳の多くの動物画では、画題の動物が人間（画家）をどのように見つめているか、あるいは動物が動物とどのような気持ちで向きあっているかが、描きだされています。動物の気持ちと特性が遺憾なく表現されているわけです。ちなみに、栖鳳は、トラも描いています。一本一本描かれた毛に動きがあり、トラの肢体のしなやかさがまことに感動的です。

詩人まど・みちおの詩「イナゴ」には胸をしめつけられます。

はっぱにとまった
イナゴの目に
一てん
もえている夕やけ

でも　イナゴは
ぼくしか見ていないのだ
エンジンをかけたまま
いつでもにげられるしせいで……

ああ　強い生きものと
よわい生きもののあいだを
川のように流れる
イネのにおい！

このように、想像力を働かせ、ベコフのいうように感情を移入すれば、動物たちの「声」が聞こえてくるのです。

動物は、多様な方法でコミュニケーションをとっています。動物と動物とのあいだではもとより、人間とのあいだでもひんぱんにことばにならない「声」を発しているのです。この「声」に耳を傾けることができるかどうかは、人間がイマジネーションをふくらませられるかどうかにかかっています。

想像力をふくらませれば、現代人が失いがちな、非人間（動物）と人間とのつながりの全体性の感覚と論理の組み立て方（アニミズム）を、現代社会にふさわしく再生できるかもしれません。

4　動物の権利

これまでの話は、いささか情緒的だといわれてもしかたがありません。動物をきちんと護りたいなら、いきつくところは法律ですね。とはいえ、動物にどのような権利があるのか、といぶかしがるむきもあるでしょう。根本は、人間と動物とのちがいをどこに見るかです。この点を少しでも明らかにしようと思えば、人間が動物をどのように見てきたか、その見方の変化（歴史）をたどる必要があります。となると、衝撃的な思想（「動物機械論」）を紹介せざるをえませんが。

動物解放運動をリードするピーター・シンガーによれば、動物に対する西洋の態度には、ユダヤ教と古代ギリシャ思想という二つのルーツがあるといいます。それらがキリスト教において融合しました（ピーター・シンガー〔2011〕『動物の解放』人文書院、232ページ）。ヨーロッパ全体にキリスト教が普及したことにより、人間の人間に対する態度はやわらいだのですが、動物に対する態度は、冷淡で過酷なままでした。人間は特別の存在であり、そのほかの種には価値がないとされ、むごい扱いも当然とされたのです。

動物は苦しまないという極端な考えがある一方で、人間以外の動物も配慮を受ける資格があるという見方も徐々に広まりました。

とても大雑把に分類すれば、一方には、フランスの哲学者モンテーニュ（1533―1592）らの動物礼賛論（「西洋文化の中で動物は、一定の水準の能力、つまり感覚能力をもつか、場合によっては人間以上の能力をもつ独自の存在」、金森修〔2012〕『動物に魂はあるのか　生命を見つける哲学』中公新書、46ページ）があり、他方には、合理主義哲学の祖で、近代哲学の出発点を据えたデカルト（1596―1650）の、人間の優位性を絶対視する「動物機械論」がありました。動物機械論は、人に殴られた犬がないていれば、それは機械のきしみと同じだとする見方で、極言すれば、動物には感性も魂もない、とみなしていたのです。

進化論で有名なチャールズ・ダーウィン（1809―1882）が人間と動物とのちがいは通常考えられているほど大きくないことを明らかにしたのですが、人間の動物への態度はあまり変わりませんでした。

それでも、徐々に動物もそれなりに感じているのだという判断が広がりました（金森、前掲書、229ページ）。動物を不必要な苦痛から保護しようという発想が生まれたのは、19世紀に入ったヨーロッパにおいてです（青木人志〔2009〕『日本の動物法』東京大学出版会、7ページ）。それ以降、動物保護立法へのとりくみがはじまりました。先陣を切った英国では、動物保護立法を発展させ、2006年には「動物福祉法」を成立させています。これは動物保護法の到達点を示すものとされ、「動物の苦痛の防止、動物の福祉の増進、動物に関する免許と登録、業務規定、ストレス下にある動物、執行権力、起訴、有罪判決後の権限などにつき、広く規定するもの」です（青木、前掲書、9ページ）。

フランスの「動物＝法人」論（青木人志〔2004〕『法と動物』明石書店、233ページ）は、動物愛護者からすれば、画期的なものです。動物が生命を維持することに「固有の価値」を認め、動物の保護団体が動物の意思表示機関であると認められれば、動物が法人となる可能性が理念上は開けるのです。

動物が法で護られやすいようにするためには、「動物の権利」（アニマルライツ）という概念を広げることが重要になります。この権利の価値が共有されるようになるかどうかが、野生動物の保護の命運を握っています。

日本では「動物愛護管理法」が２０１２年に改正され、罰則規定が強化されました。愛護動物をみだりに殺し、傷つけた者には、２年以下の懲役または２００万円以下の罰金が課されるようになったのです。人間と動物との共存に向けての大きな一歩です。

野生動物の保護は、つきつめれば、生命の問題です。そして、何よりも私たちがどのように生きるかの問題です。動物法の第一人者である青木人志氏は、自分と法的な問題とのつながりについて、次のようにいっています。「法の世界で問題になっている価値（生命・身体・自由・財産・名誉・環境など）について考えることをきっかけに、自分自身の価値観を反省し、あるいは、作り上げてゆくということである」、と（青木〔２００４〕、22ページ）。

そういえば、ハバロフスク動物園の教育担当者が、人間と動物とのかかわりをどのように考えるかは、自分がどのように生きるかそのものだ、と語ったことを思い出しました。

5　生きものの宿命：生きもの世界に調和を！

トラの保護を叫ぶと、動物は食うか食われるかだ、「きれいごとをいうな」というお叱りの声が聞こえてきます。「自分は、シカ好きだから、トラは敵だ」という反論もあるでしょう。

「捕食する」生きものと「捕食される」生きものとの関係については、すでにふれましたが、この関係、つまり食物連鎖は、生きものの宿命です。悲しいかな、避けてとおれない宿命。動物愛護を願う人にとっても、出口のない悩みなのです。原理的に受けとめれば、菜食主義者になるしかありません。でも、野菜を食べれば、植物の命をいただくことになるのです。この食物連鎖に多くの人びとが悩み、苦しんできました。宮沢賢治もその一人です。彼は、「よだかの星」と「銀河鉄道の夜」で、難問に向きあっています。少しくわしく紹介します。まず、「よだかの星」から。

美しいかわせみと兄弟でありながらたいそうみにくい「よだか」は、鳥たちにいじめられ、鷹からは無体な改名を強いられます。よだかは羽虫やかぶとむしを食べて生きていましたが、あるとき、食べた虫がのどでもがくのを感じ、胸がしめつけられるような思いを抱きました。自分が改名しなければ鷹に殺される。しかしその自分によって羽虫などが殺される。それに気づいたよだかは、天空への片道切符の一人旅を決意します。旅立ちに際して、よだかはかわせみにこう告げるのです――「……お前もね、どうしてもとらなければならない時のほかはいたずらにお魚を取ったりしないようにして呉れ。ね、さようなら」。なんども天空への飛翔に失敗しますが、最後によだかは「よだかの星」となって、いつまでも燃えつづけます。

「銀河鉄道の夜」の終わり近くにも、食物連鎖に悩むさそりの話が出てきます。さそりはたくさんの虫などを食べてきましたが、いたちに追われるはめになり、追いつめられた拍子に井戸に落ちてしまいます。溺れながら死を前にしてさそりはこう独白します――「どうしてわたしはわたしのからだをだまっていたちに呉れてやらなかったろう。そしたらいたちも1日生きのびたろうに。どうか神さま。私の心をごらんください。こんなにむなしく命を捨てずどうかこの次にはまことのみんなの幸のために私のからだをおつかい下さい」。そしてさそりはまっ赤な美しい火となって夜の闇を照らすようになりました。

フランスの思想家も同様に悩みました。

近代教育の礎をすえた思想家ジャン＝ジャック・ルソー（1712―1778）も、動物性食物の大量消費には反対しています。この点にはピーター・シンガーが言及しています（ピーター・シンガー、前掲書、253―254）。ルソーは『エミール』（岩波文庫、上、63―65ページ）

のなかで、乳母が動物性食品を多く食べるのは、乳児の健康によくないとし、植物性の食物を多くとることが農村育ちの乳母にとって自然で、健康によく、子どもにとっても有益であると述べています。

食物連鎖は、生きものの宿命で、逃れようがありません。でも、ヒトがむやみに動物を殺さなければ、狭い地球をわが物顔で占拠しなければ、生きもの世界のメンバーがそれぞれに生かし、生かされる可能性は広がります。

最後に一言。「環境にやさしい」「自然にやさしい」という表現から決別しましょう。こうしたおためごかしを卒業して、本気で自然環境や野生動物との向きあい方を考え、それを生き方の一部として実践しましょう。いまや地球が壊れかけています。野生動物は人間による自然破壊に抗するすべもなく、がまんを強いられ、追いつめられる。狭い地球だから動物も人間もおたがいに譲りあって、生きるしかない。「やさしい」という単語に安易に寄りかからず、それを具体的な行動で表現しましょう。

動物行動学者ジェーン・グドール氏はいいます。「高い知性を持つはずの人間が地球を破壊している。……お金や成功に縛られ、自分のことばかり考えている。資源は無限にあるわけではないし、私たちは温室効果ガスを排出しすぎている。私たち自身の暮らし方、

そして思考のあり方を変えてゆく必要がある」と（朝日新聞、２０１７年11月23日）。

「環境にやさしい」という表現に酔わないで、生き方を少し変え、行動で、暮らし方で、動物とともに生きる生き方を具体化したいですね。一人ひとりが地球の一員として、生きものたちの命の連鎖をむやみに断ちきるような行動を控え、命の連鎖を断ちきるような行動（密猟）をうながしたりしないで、むしろ、それに抗すれば（生きものを無視するような開発に再考をうながす市民運動に加われば）、のびやかながらも緊張感もともなう＜生かし・生かされる＞生きもの世界の調和がわずかでもよみがえるかもしれません。

楽観的ですが、アムールトラが生きのび、極東のまれにみる豊かな生物多様性が維持されるように、少しでも地球の壊滅的な環境破壊が遅れるように、いっしょに一歩を踏みだしましょう。

参考文献

青木人志（２００４年）『法と動物』明石書店
青木人志（２００９年）『日本の動物法』東京大学出版会
宇沢弘文（２０１４年）『社会的共通資本』岩波新書
宇沢弘文（２０１５年）「社会的共通資本と森林コモンズの経済理論」宇沢弘文・関良基編『社会的共通資本としての森』東京大学出版会
金森修（２０１２年）『動物に魂はあるのか　生命を見つける哲学』中公新書
ピーター・シンガー（２０１１年）『動物の解放』（改訂版）戸田清訳、人文書院
マーク・ベコフ（２００５年）『動物の命は人間より軽いのか　世界最先端の動物保護思想』藤原英司・辺見栄訳、中央公論新社
宮沢賢治『新編　銀河鉄道の夜』新潮文庫
ジャン＝ジャック・ルソー『エミール』今野一雄訳、岩波文庫

あとがき

アムールトラに生きのびてほしい、種として存続してほしい。その一心で本書をつくりました。そうした気持ちをいっそう強いものにしてくれたのが、釧路市動物園のココアとタイガでした。同動物園のチョコも、神戸市王子動物園のヤマも、勇気をくれました。リングの追っかけとなって、多摩動物公園、札幌市円山動物園（飼育舎の改修工事中で会えなかったけれど）、長野市茶臼山動物園をたずね、リングの凛々《りり》しさからも力をもらいました。

ロシアではモスクワ動物園のジュピターとプリンセス、ハバロフスク動物園のバルハットなどから励ましをもらいました。アムールトラが飼育されている日本各地の動物園、ロシア諸都市の動物園を行脚したので、ここでアムールトラの名前を挙げていると何行にもなってしまいます。

まずはアムールトラたちに感謝しています。

加えて、アムールトラを飼育している飼育員さんたちや獣医さんを含む動物園関係者、アムールトラの研究者たち、野生動物保護施設の関係者たちに心からの感謝と敬意をささげます。

本書ではアムールトラがどうして種としての絶滅に向けて歩まざるをえないか、その歩みをどのような人びとが、どのようにくいとめようとしているかをみてきました。

アムールトラを絶滅させないために打てる即効性のある決め手は、残念ながら、ありません。それでもアムールトラ保護の思想が波紋のように広がれば、事態は好転するのではないでしょうか。そのように思えるようになったのは、野生動物との共存に真剣に向きあう人びとに実際に出会えたからです。引きあわせてくれたのは、アムールトラでした。内外の専門家や一般の人びとが、アムールトラのために、野生動物のために、ひいては生物多様性のために懸命に力をつくしている。その姿に接したので、本書をまとめることができました。

アムールトラが種として抱える難題を一人でも多くの人が共有すれば、さまざまな解決策が現れ、解決のためのいろいろな行動がとりくまれるようになるかもしれない。そうすればしだいにアムールトラの生きやすさがつくりだされるでしょう。こうした動きに少しでも役立てれば、と心から願っています。

同時に、私はこれまでの叙述に対してふっきれない思いを抱いています。それは、まず、本書がきれいごとにすぎないか、という思いです。たとえば、本書では野生動物の命のやりとりが、克明に描かれてはいない。野生動物は食うか、食われるかの真剣勝負の日々を過ごします。巨大なゾウも、徒党を組むライオンに襲われ、地響きをたてながら倒れこむ。ゾウの一生が閉じようとする峻厳な瞬間です。本書は、アムールトラとヒグマの猛闘の様相について書きこんでいません。トラにしとめられたシカが澄んだ瞳をひらいたままぐったりとして、トラにくわえられ運ばれる光景にもふれていません。正直なところ、生きもの世界の調和を乱すのは人間なので、人間と動物との関係にフォーカスを当てたという理屈はあるにはあるのですが、それでも動物世界のすさまじいリアリティを避ける「ゆるさ」を自覚せざるをえません。

関心が「トラ学」に特化しているので、視野が狭くなりがちです。この狭さを痛感したことがありました。広島県にある安佐動物園を訪問したときのことです。お見合いをすませたアムールトラのオスとメスの2頭が仲むつまじく寄りそっていました。オスはメスをやさしくいとおしみ、メスもまんざらではないようすで、なかなかいい雰囲気でした。その後、2頭は子宝に恵まれました。2頭のアムールトラに会えたので、気をよくしていた私は、インタビューに協力してくれた飼育員さんにたずねたのです。

――ところで、アムールヒョウはどこにいますか。

安佐動物園は、日本では珍しくアムールトラとアムールヒョウの両方を見学できる動物園なのです。飼育員さんは、アムールトラの隣の運動場を指して、「こちらですよ」、とさらりと答えました。そこにはうずくまったヒョウがいました。「あんた、ヒョウの亜種の区別もつかないのか」、とヒョウからいわれたような衝撃でした。極東ヒョウ（日本ではアムールヒョウ）は、ハバロフスクの動物園で間近に見学していました。動物園を案内してくれたエレーナが大好きだったからでもあります。トラの亜種の区別やアムールトラの個体の区別もある程度ならつくというのに。なんという体たらくか。穴があったらはいりたい気持ちでした。

動物への向きあい方が「ぬるい」から、野生の動物間の関係に肉薄できない、という負い目が私にはあります。

ここでは、アムールトラを扱って、人間と野生動物との関係の改善への願いを述べましたが、野生動物とヒトとの相互に敵対的なありようを描いてはいません。極東ではトラがケガなどで餌が捕れなくなり、人里にはいりこんでペットの犬や家畜を狙うことは本当にまれですし、そうならないような手立てもとられています。もっぱら外部から来たヒトが金銭目当てにトラを密猟し、トラは一方的にヒトの餌食にされてきたのです。

しかし、直接的にヒトが野生動物から被害を受ける地域もあります。たとえば、アフリカです。ライオンが貴重な家畜を襲い、ゾウなどの野生動物が畑を荒らすことがあります。じかに被害を受けない人びとが野生動物の保護を声高に叫んでも、生業をじゃまされる農民の立場に立てば、野生動物保護の主張は、西欧の中産階級以上の人びとの教養主義だといわれても仕方がありません。でも、それは西洋人による責任のとり方のひとつであるようにも思われます。

というのは、アフリカの野生動物の激減には、西洋人が深くかかわってきたからです。西洋人が銃をもちこんだために多くの野生動物が殺戮されました。また、遊興目的で狩猟用の動物を生かしておくために自然保護区が設定され、そこに暮らしていた人びとが追いだされもしたのです。つまり、西洋人が、先住者と野生動物との対立をわざわざつくりだしたことになります（参照：山形豪〔2016〕『ライオンはとてつもなく不味い』集英社新書ヴィジュアル版、2016年、158―159ページ）。

野生動物と人間との関係は、人間どうしの関係を合わせ鏡としなくては見えてこないようです。野生動物の生きにくさを作りだす人間どうしの対等でない関係を見る私の目はまだ「あまい」といわざるをえません。

動物園に行くと、野生動物のしぐさにいやされます。子どもの動物たちの鳴き声と動作を見聞きするると、ほのぼのとしたあったかい気持ちになりますね。もっとも、動物園の動物を「動物の福祉」の観点からもみる必要もあります。動物園の存在を根本的に問う研究者もいます。それでも、生物多様性の維持という地球規模の課題への動物園の重要なとりくみを知れば知るほど、野生動物の保護への献身的な働きを知れば知るほど、動物園のはたす役割の大きさを痛感します。見学者の側に「動物の福祉」の考え方が広まり、深まることが必要ですね。

動物と植物とが織りなす生きもの世界、それぞれが生かし生かされる調和した状態とはどういうものか。そう問うとき、思い起こすのは、日本で大ブレークが続いている若冲《じゃくちゅう》（1716―1800）の絵「動植綵絵《どうしょくさいえ》」です。

若冲といえば、トラの絵も有名です。「動植綵絵」についてふれる前に、本文では叙述しなかったトラの絵に少しだけふれさせてください。江戸時代には生きたトラを見ることはほとんどなかったので、実物観察が真骨頂の若冲も「虎図」を描くにあたっては、伝李龍眠「猛虎図」を模したと自ら語っていますが、座って手をなめているトラの舌の赤色が鮮烈で、体毛一本一本の方向やそりぐあいが絶妙というほかありません。

同じく有名なのは、「鳥獣花木図屛風」です。ここには日本に生息しない動物も霊獣として描かれています。右隻の中央に描かれた白いゾウがあまりに有名ですが、それに負けない存在感を放つのは右隻の右端に描かれたトラです。山下裕二氏によれば、この屛風は若冲の宗教観を示す仏画で、若冲にとって「仏性の象徴」と思われる動物が選ばれ、描かれているのだそうです。トラはここでも霊獣として位置づいています（『若冲の衝撃』小学館、和樂ムック、45ページ）。

「動植綵絵」は、30幅からなる花、鳥、昆虫、魚、貝などが描かれた「究極の仏画」（山下裕二、前掲書、63ページ）です。1羽あるいは2羽がていねいに描かれる場合もあれば、鳥やニワトリが群れをなすさまも描かれています。また、多様な生きものが織りなす世界、たとえば、水辺や海中が再現されています。昆虫や花、ヘビやカエルなどの織りなす身近な生きもの世界が丹念な観察によって再現されているのが、「池辺群虫図」です。生きものたちがのびやかに生を謳歌《おうか》する背後に、緊張感がぴんと張り詰めている。このアンビヴァレントな（相反する価値や方向性が同時にある）事態が、生きもの世界の調和でしょう。

それぞれの生きものが、それぞれ食物連鎖のなかで全身に緊張感をみなぎらせ、生きている。それぞれはもっとも生きやすいように洗練されている。それぞれがともに生きる世界は、一見して雑然としているようで、それでいて無駄なものはひとつとしてありません。

石の下には微生物や昆虫がうごめき、それぞれ生をつむぐ。それぞれの生きものが、それぞれが生きやすいように研ぎすまされ、その集まりは全体としてじつに深く調和しているのです。

動物と植物とが織りなす生きもの世界が人間の一人勝ちにならずに、それぞれが生かし生かされる調和した状態であってほしい。本書にとりくみ、この素朴な思いがいっそうつよくなりました。いうまでもなくアムールトラが種として保全されてほしいです。

最後に、かならずといってもいいほど訊ねられる質問についてふれます。「どうしてトラなのか」とよく聞かれます。これは、正直、答えに窮する質問なのです。どのように説明しても、どこかしっくりこない。仮に「好きだから」と答えると、「どうして好きなのか」と聞かれます。この質問に対しては、芸能人が恋人について聞かれたときのように、質問者が納得しそうなことをいくつか並べれば、それですむかもしれない。でも、アムールトラと私とのかかわりとなると、そうした二言三言では説明しつくせません。物語が必要になります。アムールトラと会う機会が増え、アムールトラをめぐる知識も増えるにしたがい、また、アムールトラにかかわる人びとの輪が豊かになるにつれ、トラと私との関係も私のなかで成長していきました。だから、本書のすべてが先の問いへの答えと思っていただければ、うれしいのですけれど。

本書を仕上げるにあたって、たくさんの友人に支えられました。心から感謝しています。資料収集に協力してくださった岡田進さん、曽根直子さん。調査に協力してくださったエテリ・サコンチコワさんと曽根直子さん。釧路市動物園元園長の山口良雄さん、獣医のダラキャンさん、写真家のヴィクトル・アレヴェッヂーノフさん。物書き修行を手伝ってくださった後藤洋一さん。たび重なる調査出張を支えてくれた姉の美智子と自然保護活動の仲間たち（「関さんの森を育む会」）、中学生から大人までを対象にしたノンフィクションに仕上げることを導いてくださった編集者の黒田貴史さん。本当にありがとうございました。みなさんのおかげで、この本は世に出ます。

ココア、10歳のお誕生日おめでとう！
ジョーリック、ご結婚おめでとう！
2頭の祝いの節目にこの本が出版されることがなによりもうれしいです。

写真家ヴィクトルさんの紹介

写真提供
（カバー、表紙、扉、2 − 3 ページ、21 ページ、31 ページ、140 ページ、249 ページ）

ヴィクトル・アレヴェッヂーノフ（Victor Alevetdinov）
ハバロフスク在住のプロのカメラマン。2013 年より筆者と親交がある。
ハバロフスク近郊の自然や野生動物リハビリテーションセンターを写した作品は、以下のサイトで閲覧できます。
http://yourshot.nationalgeographic.com/profile/595191/
（e-mail: alevetdinov@yandex.ru）

著者紹介

関 啓子（せき けいこ）

一橋大学名誉教授　博士（社会学）

ノンフィクション作家

1948年生まれ。一橋大学大学院社会学研究科博士課程修了

主な著書

単著

『アムールトラに魅せられて　極東の自然・環境・人間』2009年、東洋書店

『コーカサスと中央アジアの人間形成』2012年、明石書店

『多民族社会を生きる――転換期ロシアの人間形成』2002年、新読書社

『クループスカヤの思想史的研究――ソヴェト教育学と民衆の生活世界』1994年、新読書社

編著

『環境教育を学ぶ人のために』2009年（御代川貴久夫との共著）世界思想社

『生活世界に織り込まれた発達文化』（青木利夫・柿内真紀・関啓子編著）2015年、東信堂

『ヨーロッパ近代教育の葛藤　地球社会の求める教育システムへ』（太田美幸・関啓子編著）2009年、東信堂

モスクワ動物園のアムールトラ飼育員
イーゴリさんと著者（右）撮影＝曽根直子

トラ学のすすめ
—アムールトラが教える地球環境の危機

2018年6月30日　初版発行

著　者：関 啓子
発行者：佐藤 公彦
発行所：株式会社 三冬社
〒104-0028
東京都中央区八重洲2-11-2 城辺橋ビル
TEL 03-3231-7739　FAX 03-3231-7735

印刷・製本／中央精版印刷株式会社

ISBN978-4-86563-037-4